MERCEDES-BENZ

ALLE AUTOS MIT DEM STERN

Eberhard Kittler

Motor
buch
Verlag

IMPRESSUM

Einbandgestaltung: Luis dos Santos unter Verwendung von Fotos aus den Archiven der Hersteller und des Autors.

Bildnachweis: Sofern Bilder nicht aus dem Daimler/Mercedes-Archiv bzw. der MARS-Datenbank stammen, befinden sich die Bildquellen unter den jeweiligen Abbildungen; die Rechte an den Bildern verbleiben bei den Urhebern.

ISBN 978-3-613-04539-2

1. Auflage 2023

Sie finden uns im Internet unter **WWW.MOTORBUCH-VERLAG.DE**

Lektorat: Joachim Kuch
Innengestaltung: Sven Rauert
Druck und Bindung: Graspo CZ, 76302 Zlin,
Printed in Czech Republic

INHALT

VORWORT

Das Beste oder nichts! Unter diesem 2010 erneut lancierten Motto lässt sich die gesamte Historie des Stuttgarter Unternehmens zusammenfassen. Es handelt sich nicht nur um die älteste Automobilfirma der Welt, sondern diese fühlte sich von Anfang ganz selbstverständlich dem Hightech-Anspruch verpflichtet. Kaum ein Feld, auf dem Mercedes-Benz nicht die Taktzahl vorgab – Sicherheit, Aerodynamik, Antriebstechnik und Zuverlässigkeit. »Eleganz heißt, auf Rufweite hinter der Mode zu bleiben , so formulierte der langjährige Chefgestalter Karl Wilfert die Designstrategie der Schwaben, die dafür sorgte, dass ein Mercedes auch äußerlich weder altbacken noch modernistisch, sondern immer zeitlos wirkte. Und während die Stuttgarter Autos ohne Wenn und Aber weltweit von den Oberen Zehntausend genutzt wurden, bevölkerten sie gleichzeitig über Jahre die Taxiparks (und standen so für Qualität und Kontinuität quasi zum Anfassen für jedermann).

Dass später das Modellprogramm erweitert und letztlich »demokratisiert« wurde, war dem Bemühen um höhere Stückzahlen geschuldet. Auch Kooperationen und Joint-Ventures – mit Chrysler, Mitsubishi, Hyundai und Renault bis hin zur Neu-Aufstellung des Unternehmens als »Daimler-Chrysler Group« (1998-2007) – galten eine Zeitlang als Lösungsweg. Das alles ist inzwischen Geschichte, genau wie die Separierung der Marken Smart und Maybach. Allen Irrwegen zum Trotz blieb Mercedes-Benz (nach dem Chrysler-Abenteuer zwischenzeitlich wieder mit dem traditionsreichen Namen »Daimler«) der wohl erfolgreichste Premium-Automobilhersteller der Welt. Und zudem die wertvollste deutsche Marke überhaupt in einem internationalen Ranking, das von Coca-Cola angeführt wurde. Längst besinnt sich das Unternehmen wieder auf seine Kernkompetenz, die wegweisende Luxusklasse. Die hat freilich ihren Preis, beschert aber deutlich höhere Renditen als simple Einstiegsmobile, die darum in gewohnter Form aus dem Programm fallen könnten. Gerade die Topmodelle der Submarken AMG und Maybach generieren weit bessere Margen.

Das Automobil-Unternehmen nennt sich seit 2022 »Mercedes-Benz Group«. Künftig offeneren die Stuttgarter die Klassen »Entry Luxury«, »Core Luxury« (Mittelklasse) sowie »Top-End Luxury«. Begleitet wird dies von der Transformation auf nachhaltige E-Mobilität. Statt bisher sieben sollen künftig nur noch vier Modellreihen übrigbleiben. Die Nutzfahrzeug-Division – die in diesem Buch genau wie die Van-- und Kleinbus-Sparte außen vorbleiben muss – spaltete sich im Dezember 2021 in eine eigene Gesellschaft (Daimler Truck Holding) ab.

Eigentlich ist über Unternehmen und Produkte alles gesagt und alles an die Öffentlichkeit gebracht worden. Vor allem Positives, aber auch Negatives, das aus den verschiedensten Gründen publiziert worden ist. Bücher gibt es bis zum Abwinken, gerade auch im deutschsprachigen Raum. Und die Automobilzeitschriften, egal ob nun auf Neuwagen oder auf Oldtimer spezialisiert, kämen ohne

mindestens eine Mercedes-Story nie auf die Ladentheke. Zumal die Liebhaber- und Enthusiasten-Szene riesig ist – zu erleben auf den großen und kleineren Messen, Ausstellungen, Treffen, bei Rallyes und Ausfahrten. Mercedes-Benz unterhält nicht nur ein wunderbares, 2006 erneuertes Werksmuseum, sondern auch ein beispielhaft gut sortiertes historisches Archiv, das bereitwillig alles unterstützt, was dem Markenimage zuträglich ist.

Warum also ein neues Buch? Weil wir meinen, dass heute nur noch wenige Leser Lust verspüren, sich mit tiefschürfenden, textlastigen Abhandlungen und endlosen Tabellen zu quälen. Und weil sich andererseits viel von dem, was wir eigentlich in einem ordentlichen Buch erwartet hätten, heute im Internet findet. Es ist einfach schneller und bringt die Dinge auf den Punkt. Andererseits hilft das Netz aber nicht unbedingt, Entwicklungen und ihre Ursachen zu verstehen. Darum haben sich Verlag und Autor entschieden, in übersichtlicher Art und Weise die wichtigsten Highlights des Stuttgarter Unternehmens abzufeiern, Querschnittsthemen zu finden, und dennoch korrekt in der Darstellung zu bleiben. Vans und Pickups finden nicht statt, die Marke Smart bleibt außen vor, und das Thema G-Modell wird nur angeteasert.

Der Autor ist seit vier Jahrzehnten Motor-Journalist, hat sowohl für Neuwagen-Zeitschriften, als auch für Oldtimer-Blätter gearbeitet. Sein Wissen ist kein primär angelesenes, sondern er hat das Debüt vieler Modelle quasi live miterlebt, viele der hier gezeigten Autos gefahren, und vor allem: mit vielen Zeitzeugen gesprochen, die in irgendeiner Art mit dem guten Stern verbunden waren. Darunter waren Vorstände, Techniker, aber auch Sammler, Schrauber, Enthusiasten, Historiker und Clubmenschen.

Schwerpunkt des Buches ist die Zeit bis zur Jahrtausendwende. Es reicht aber weiter bis in die Gegenwart und soll in die nächste Zukunft weisen. Der Schwerpunkt liegt aber auf den »Guten alten Tagen«, als kaum jemand auf die Idee gekommen wäre, dass Verbrennerautomobile in die Schmuddelecke gesteckt werden würden. Natürlich ist auch bei der Hinwendung zu elektrisch getriebenen Autos die Marke ganz vorn mit dabei. Aber – und auch das macht das Unternehmen sympathisch – niemand erklärt die bisherige, sehr weit vorangebrachte Antriebstechnik als überholt. Darum ist dieses Druckwerk auch kein Abgesang.

Schließlich gibt es weltweit genügend Märkte, in denen auch weiterhin Fahrzeuge mit Verbrennermotor unterwegs sein werden. Zudem steigt die Anzahl klassischer, aufbewahrenswerter Autos weiter – auch und gerade hier in Deutschland. Wir sind davon überzeugt, dass sie weder an Interesse noch an Wert verlieren werden. Und mancher Besitzer eines älteren Mercedes-Benz wird sich darum freuen, »seinen« Liebling in diesem Buch wiederzufinden. Lassen Sie sich überraschen!

BENZ UND DAIMLER BIS 1926

Benz und Daimler waren überaus potente Hersteller, die über Jahrzehnte erfolgreich Personenwagen und Nutzfahrzeuge auf die Straßen der Welt brachten. Ihre Modellprogramme ähnelten einander und entsprachen den Wünschen vermögender Kunden. Kleinwagen oder Einsteigermobile waren nicht ihr Thema.

Daimler Motorwagen auf Basis einer Americaine-Pferdekutsche

Daimler-Boot »Marie« (1888)

Benz-Dreirad mit schnelllaufendem Einzylinder-Viertakter (liegend), Stahlrohrrahmen, Differenzial und Drahtspeichenrädern. Innovationen waren der automatische Einlass-Gleitschieber, das gesteuerte Auslassventil, die elektrische Hochspannungs-Summer-Zündung sowie die Wasser/Thermosyphon-Verdampfungskühlung.

Benz-Dreirad und Daimler-Kutschwagen (1886)

Daimler Reitwagen (1886)

DIE ERFINDER DES AUTOMOBILS

Manche Technikhistoriker streiten bis heute um die Urheberschaft am Automobil. Für Mercedes-Benz und für die Fans der Marke ist es völlig klar: Die Pioniere waren Carl Benz in Mannheim und Gottlieb Daimler im württembergischen Cannstatt. Natürlich waren auch andere nahe dran – aber es ist ein Unterschied, ob nur die theoretischen Ideen entwickelt wurden (Beispiel Siegfried Marcus) oder ob und wann ein fahrbereiter Prototyp gebaut worden ist. Und natürlich, ob entsprechende Patente und Schutzmuster beantragt worden sind. Und dann ist da noch grobes Unwissen wie beim früheren US-Präsidenten Barack Obama, der glaubte, dass Henry Ford das erste Automobil auf die Straße gebracht hätte (tatsächlich war das erst 1903).

Carl Benz (1844-1929) sowie Gottlieb Daimler (1834-1900) mit seinem kongenialen Mitstreiter Wilhelm Maybach (1846-1929) entwickelten unabhängig voneinander selbstfahrende Vehikel mit Verbrennungsmotor. Wobei Benz daran glaubte, dass aus seinem motorisierten Dreirad ein Geschäftsmodell werden könnte, während Daimler vor allem seinen Motor vermarkten wollte. Und dafür die möglichen Einsatzzwecke auslotete – im Automobil, im Zweirad, in einem Schiff namens »Marie« und in Schienenfahrzeugen.

Daimler und Maybach hatten 1885 das erste vierrädrige Motorfahrzeug der Welt (2,53 m lang, mit 1,1-PS-Viertakt-Einzylinder) auf die Räder gesetzt, wobei sie aber noch auf eine motorisierte Kutsche setzten. Benz war seinem »Konkurrenten« dank der Patenterteilung zum 29. Januar 1886 eine Winzigkeit voraus – hatte er doch sein zunächst 0,75 PS schwaches, 2,70 m kurzes Dreirad etwas eher fertiggestellt. Und vor allem knüpfte er nicht an der Konzeption gewöhnlicher Kutschwagen an, sondern entwickelte eine eigenständige Kreation. Erstmals bildeten Fahrgestell und Motor eine Einheit, zudem hatte der Benz Motorwagen bereits eine Reihe zukunftsweisender Innovationen an Bord. 1886 bekamen Benz und Daimler die entsprechenden Patente erteilt – darum gilt jenes Jahr als so geschichtsträchtig.

Beide Erfinder forschten und arbeiteten unabhängig voneinander. Sie wurden misstrauisch beäugt und sogar angefeindet oder angezeigt. So wurde Daimler der Falschmünzerei verdächtigt, weil nachts in seiner Werkstatt »heimlich« geschafft worden sei. Benz und Daimler sind sich – was heute kaum glaubhaft erscheint – nie im Leben persönlich begegnet. Selbstverständlich wussten sie jedoch voneinander – und natürlich auch von weiteren Pionieren der Frühzeit, von denen die meisten Franzosen waren.

Die wichtigsten anderen frühen Hersteller bis zur Jahrhundertwende: Panhard & Levassor (1890-1967), Lanchester (1895-1956), Peugeot (ab 1890), Lorraine-Dietrich (1896-1953), Delahaye (1894-1956), Rochet-Schneider (1895-1932), Napier (1896-1924), Tatra (1897-1998), Dürkopp (1897-1927), Mors (1897-1925), Martini (1898-1934), Opel (ab 1898), Fahrzeugwerke Eisenach/Wartburg (1898-1990), De Dion-Bouton (1899-1931), Renault (ab 1899) und Fiat (ab 1899).

BENZ UND DAIMLER BIS 1926

ERSTE AUSFAHRTEN MIT DEM BENZ-DREIRAD

Am 3. Juli 1886 wagte sich Carl Benz mit seinem knapp 300 kg leichten Patentwagen nach heimlichen, nächtlichen Probefahrten erstmals offiziell auf die Mannheimer Ringstraße. Die Publikumsresonanz reichte von totaler Begeisterung bis zu Spott und Ablehnung. Ein Witzbold verglich den Sound des Motors mit einer in regelmäßigen Abständen gequetschten, luftgefüllten Papiertüte. Damalige Zeitgenossen konnten sich nicht vorstellen, dass diese Technik einmal für jedermann zur Verfügung stehen würde. Visionäre Journalisten mutmaßten jedoch, dass »dieses Fuhrwerk eine gute Zukunft haben wird und billigstes Beförderungsmittel für Geschäftsreisende und eventuell auch für Touristen werden könnte«. Natürlich war das Ganze auch eine erfolgreiche Werbeaktion für die Motoren aus dem Hause Benz, die für Industrieanwendungen gebaut wurden. Geld verdienen ließ sich mit dem Dreirad anfangs noch nicht. In den Jahren 1885 bis 1887 entwickelte Benz drei verschiedene Versionen, wobei von den ersten beiden nur jeweils ein Exemplar gebaut wurde.

Die Grundkonstruktion blieb die gleiche: ein Dreirad in Stahlrohr-Bauweise mit Drahtspeichenrädern und Einzylinder-Motor im Heck. Das leichte Chassis hatte die Fahrradfabrik Adler konstruiert. Ähnlichkeiten zur Bauweise damaliger Fahrräder waren kein Zufall. An Komfort wurde aber nicht mal ansatzweise gedacht, im Mittelpunkt stand ausschließlich die Aufgabe der Beförderung von A nach B. So hockten die zwei Passagiere hoch oben auf einer leicht gefederten, hölzernen Bank, ein Verdeck oder eine Frontscheibe gab es nicht – sodass die Besatzung bei Regen in einen Unterstand flüchten musste.

Der Firmenchef selbst unternahm damit bis zu 20 km lange Probefahrten. Um aber angesichts chronisch leerer Auftragsbücher die öffentliche Aufmerksamkeit anzuheizen, ging seine 34jährige Frau Bertha zusammen mit ihren Söhnen Richard (14) und Eugen (15) Anfang August 1888 auf große Fahrt. Als Fahrzeug diente ein Exemplar der dritten Dreirad-Ausführung, das einen auf 2 bis 3 PS erstarkten Motor, zwei Gänge und Holzspeichenräder besaß (für den jüngeren Sohn stand ein Notsitz zur Verfügung).

Ohne Wissen von Carl Benz wurde die 180 km lange Strecke von Mannheim zu Berthas Geburtsstadt Pforzheim und zurück bewältigt – das war die erste Fernfahrt der Automobilgeschichte. Den Erfinder traf fast der Schlag, als ihn das Telegramm mit der Nachricht ereilte, dass seine Frau wohlbehalten im Zwischenziel Bruchsal angekommen war. Hin- und Rückfahrt dauerten fünf Tage, über die erzielten Durchschnittsgeschwindigkeiten schweigt sich die Geschichtsschreibung höflich aus. Legendär die Situation, in der die Reisenden nachtankten – nämlich in der Apotheke in Wiesloch, wo eineinhalb Liter eines Leichtbenzins namens Ligroin gefasst wurden. Und die Szene, als Frau Benz die verstopfte Kraftstoffleitung mit ihrer Hutnadel reinigte. Benz jedenfalls bewarb sein Fahrzeug fortan als »vollständigen Ersatz für Wagen mit Pferden.«

Nachgestellte Szene der berühmten Fernfahrt Mannheim-Pforzheim

Benz (am Steuer) und Josef Brecht auf einem Modell 3, das bereits Holzspeichen- statt der ursprünglichen Drahtspeichenräder hatte

Benz Dreirad Modell 3. Historische Darstellung einer Ausfahrt des Ehepaars Benz in der Leipziger Illustrierten Zeitung im September 1888

Carl Benz auf dem Nachbau seines ersten Dreirads anlässlich der Jubiläumsfeierlichkeiten 40 Jahre Automobil 1925 in München

Daimler Stahlradwagen 1889, als Reaktion auf das Benz Dreirad von Maybach vorgenommene Weiterentwicklung des Ursprungsmodells

Benz Victoria Vis à Vis 4 PS mit dem Gründer-Ehepaar, August 1894

Carl Benz und sein Kunde Theodor von Liebig mit einem Benz Victoria 5 PS, der für die Fernfahrt ins böhmische Reichenberg vorbereitet wurde, August 1894

Geschlossene Daimler Motorkutsche

Daimler Phoenix von 1898

BENZ UND DAIMLER BIS 1926

BENZ UND DAIMLER BIS ZUR JAHRHUNDERTWENDE

Daimler und Benz blieben zunächst ihren Bauformen treu. So waren bis zu Beginn der 1890er alle Benz-Fahrzeuge dreirädrig. Bis 1893 entstanden übrigens lediglich 69 Fahrzeuge, von denen viele nach Frankreich gingen. Gute Kunden ehrte der Chef übrigens mit persönlichem Geleit – es gibt Fotos, die Carl Benz und seine Familie zeigen, die den Käufer ein Stück des Weges begleiteten. Damals hatte Benz bereits einen Vertriebspartner in Frankreich gefunden, der den Europavertrieb übernahm – und so den weiteren Erfolg der Mannheimer beförderte.

Erst mit der Konstruktion einer funktionstüchtigen Achsschenkel-Lenkung (Deutsches Reichs-Patent 73515 vom 28. Februar 1893) war bei Benz der Weg frei zu vierrädrigen Fahrzeugen. Bis dahin musste man sich mit einer einfachen, auf das Vorderrad wirkenden Lenkkurbel begnügen. 1893 erschien bei Benz der erste Vierradwagen, das populäre Modell »Victoria«. Damit schaffte Benz den endgültigen Durchbruch.

Lieferbar war nun auch eine viersitzige Victoria-Ausführung mit gegenüberliegenden Sitzbänken (Modell »Vis-à-Vis«). Der Einzylinder-Motor mit nunmehr stehendem Schwungrad war liegend angeordnet. Hubraum und Leistung wurden bis zum Produktionsende im Jahr 1900 kontinuierlich vergrößert. Bereits als »Serienauto« gilt der darunter positionierte, nur 2,30 m kurze Benz Velo, der von 1894 bis 1901 in 134 Exemplaren gebaut worden ist und zum Verkaufsschlager avancierte.

Betriebsleiter in dieser erfolgreichen Zeit war bis 1899 August Horch, dem der junge Richard Benz in gleicher Funktion nachfolgte. 1899 wurde das Unternehmen zur Aktiengesellschaft. Mittlerweile wurden hier Motoren mit zwei und mehr Zylindern gefertigt, ab 1900 erschienen die ersten Benz-Wagen mit Frontmotor.

Die Daimler Motoren Gesellschaft (DMG) hatte zunächst weiterhin kutschenähnliche Fahrzeuge mit Heckmotor gebaut: zunächst den Stahlradwagen, dann den Riemenwagen – beide noch im Stil des 1886er-Debütfahrzeugs mit Einzylinder-Motor. Das erste Zweizylinder-Modell erschien 1892. Wichtiger als die in kleiner Stückzahl ausgelieferten Pkw waren der Firma indes die erfolgreichen Lastwagen und Busse, die sich weltweit absetzen ließen. Zudem veräußerte die DMG Lizenzen – beispielsweise an das britische Daimler Motor Syndicate (1893). Ein wichtiger Schritt war auch der Aufbau einer zusätzlichen Fabrik in Untertürkheim im Jahr 1897.

Einen entscheidenden Fortschritt erzielte Daimler dann – ebenfalls 1897 – mit dem Phoenix. Dieses Auto verfügte über einen 2,1-Liter-Vierzylindermotor (6 bis 8 PS). Einer der ersten (Groß-)Kunden war Emil Jellinek, der 1898 so ein Auto erwarb. Der davon abgeleitete Sportwagen erhielt dann auf Jellineks Betreiben den Namen »Mercedes« – und kam mit stärkerer Leistung (12 bis 23 PS).

MERCEDES UND DIE WANDLUNG ZUM »RICHTIGEN« AUTO

Die Wende hin zum »richtigen Auto« vollzog sich erst Anfang des 20. Jahrhunderts. Beispielhaft dafür standen die von Maybach konstruierten »Mercedes«-Typen der Daimler-Motoren-Gesellschaft. Firmengründer Daimler war 1900 gestorben, sein Nachfolger Wilhelm Maybach (»König der Konstrukteure«) verließ jedoch 1907 die Firma im Streit. Jahre später etablierte sein Sohn eine noble Pkw-Marke unter seinem Namen. Nachfolger Maybachs bis 1922 war Paul Daimler (der später im Streit zu Horch wechselte).

Die 1902 offiziell eingetragene Modellbezeichnung Mercedes soll auf den Namen von Jellineks Tochter zurückgehen – die übrigens nie etwas mit Autos am Hute hatte. Wegen ihrer einfacheren Bauweise und Bedienung trugen die neuen Fahrzeuge schon bald den Beinamen »Simplex«. Bis dahin hatte sich das Ausland über die aufwändige Technik der Deutschen lustig gemacht: »Wenn die Mercedes-Fahrzeuge nicht den großen Nachteil hätten, so kompliziert zu sein, wären sie eine erschreckende Konkurrenz«, hieß es in der französischen Zeitschrift »La Locomotion«.

Dem Mercedes 35 PS folgte 1902 der stärkere Typ 40 PS. Zwischen Rennautos und »zivilen« Pkw bestanden äußerlich kaum Unterschiede, »echte« Wettbewerbswagen erschienen erst etwas später. Dem ersten Simplex mit 35 PS war noch im März 1901 der Typ 12/16 PS gefolgt. Und im August komplettierte der Typ 8/11 PS die erste Mercedes-Modellreihe um eine weitere Variante. Gerade die Simplex-Typen räumten mit allen Vorurteilen auf. Die beiden neuen Fahrzeuge ließen sich gleichermaßen bei Rennen oder im Straßenverkehr einsetzen. Kunden waren fortan Kaiser, Könige, Personen des öffentlichen Lebens, aber auch Geschäftsleute und andere Wohlhabende. Und Jellinek, der kurzentschlossen zum Großhändler avancierte, vertrieb ab sofort ein Drittel der DMG-Jahresproduktion. Der neue Bienenwabenkühler löste das nervige Kühlungsproblem: Vierkantröhrchen mit quadratischem statt runden Querschnitt bescherten wegen der größeren Durchtrittsfläche und der kleineren Spalte zwischen den Röhrchen eine bessere Kühlung.

Parallel nebeneinander entstand eine Vielzahl unterschiedlich motorisierter Autos, auch als die Gründerväter nicht mehr dabei waren. Seit 1906 wurden neben den bisherigen Vier- auch Sechszylinder-Modelle gebaut, im Jahr 1913 experimentierte man sogar mit Daimler-Luftschiffmotoren für Autos. Neben dem Kardan- wurde auch der Kettenantrieb realisiert. Zudem nutzte man zwischen 1910 und 1921 für einige Modelle die geräuscharme Schiebersteuerung von William Knight. Selbst am Elektroantrieb versuchte sich die DMG, galt doch diese Antriebsart bis zum Ersten Weltkrieg noch als Alternative zum Hubkolbenmotor.

Dank ihrer Flugmotorenproduktion machte die DMG derart gute Geschäfte, dass man 1917 das Zweigwerk Sindelfingen errichtete – später diente die Fabrik dem Karosseriebau. Einige Vorkriegs-Automobile wurden zunächst noch weitergebaut.

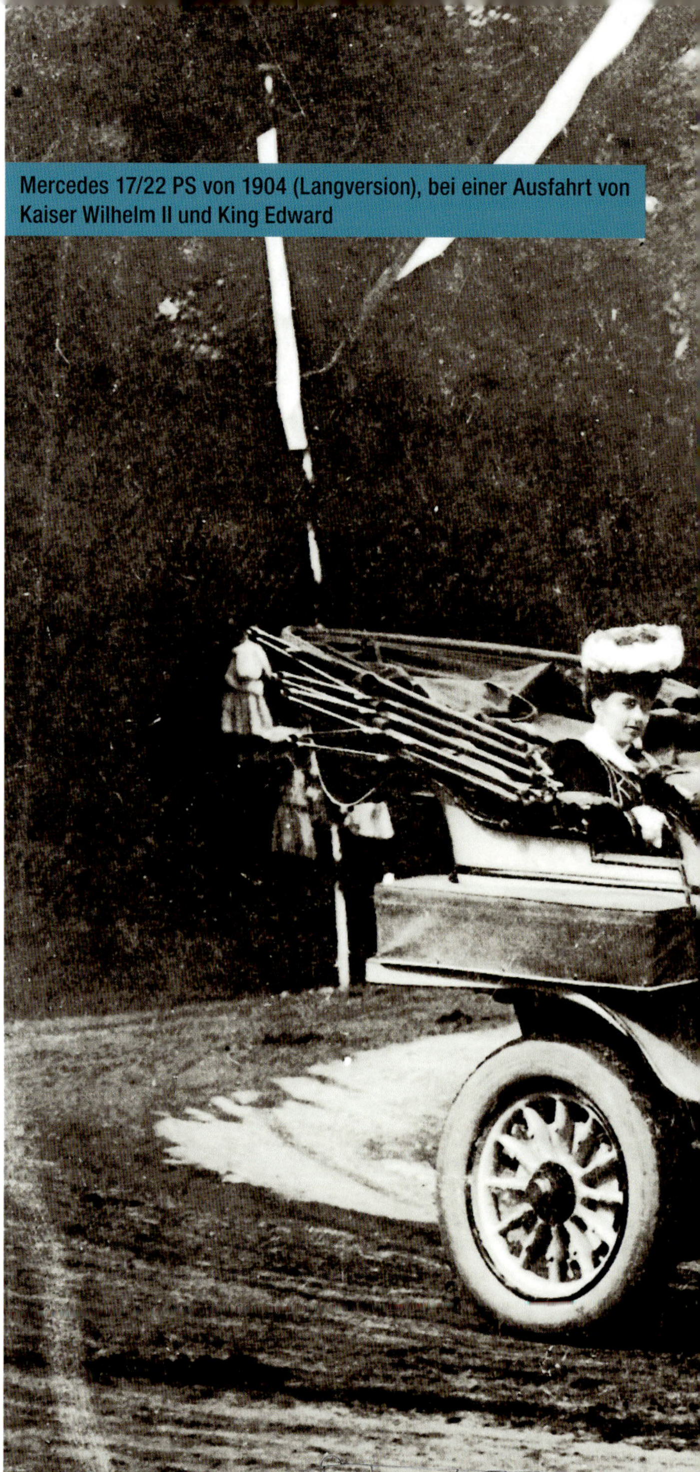

Mercedes 17/22 PS von 1904 (Langversion), bei einer Ausfahrt von Kaiser Wilhelm II und King Edward

Mercedes 35 PS Simplex in Landaulet-Ausführung, 1901 bis 1905

Mercedes 35 PS Simplex-Sportviersitzer von 1901

Mercedes 37/70 PS Doppelphaeton von 1907

Mercedes 40 PS, gebaut 1903 bis 1910 Foto: Kittler

BENZ UND DAIMLER BIS 1926

SPORT- UND RENNFAHRZEUGE DER DMG

Ab 1900 dominierten leichte Mercedes-Wagen mit längerem Radstand und tieferem Schwerpunkt. Der neue Typ 35 PS prägte die Rennwoche von Nizza im März. Das fast 90 km/h schnelle Fahrzeug mit 5,5-L-Vierzylinder wog nur 1.100 kg. Neu waren Bienenwabenkühler, verbesserte Kupplung und schräggestellte Lenksäule.

Der Typ 40 PS mit 6,5-L-Zweivergaser-Motor von 1902 (über 100 km/h) brachte weitere Siege. Es blieb beim Viergang-Getriebe mit rechtspositionierter Kulissenschaltung. Kupplung und Kühlung des nur 940 kg schweren Autos waren verbessert worden, dazu Radstandsverlängerung um 200 auf 2.450 mm, wassergekühlte Bremsanlage mit Innen- und Außenbacken-Bremsen.

Der Mercedes Simplex 40 PS bestimmte auch die Rennwoche von Nizza im April 1902. Der Amerikaner E. T. Stead siegte im Bergrennen Nizza – La Turbie (Durchschnitt von 55,2 km/h). Beim folgenden 1.000-Kilometer-Rennen Paris – Wien starteten gleich vier Simplex 40 PS, wobei Graf Zborowski mit 61,3 km/h Durchschnitt den zweiten Platz belegte. Beim Bergrennen Nizza – La Turbie erreichte Wilhelm Werner eine maximal 86 km/h (Schnitt 51,4 km/h). Werner gewann zudem das Rennen Nizza – Salon – Aix – Sénas – Salon – Nizza über 392 km sowie das Meilenrennen von Nizza.

Otto Hieronimus und erneut Wilhelm Werner siegten 1903 mit dem neuen Simplex 60 PS beim Bergrennen Nizza – La Turbie. Und der Belgier Camille Jenatzy gewann das Gordon-Bennett-Rennen 1903 mit dem Typ 60 PS. Und im Juli dominiierte der optimierte 90-PS-Rennwagen das Gordon-Bennett-Rennen in Irland.

Dem folgten erstarkte Modelle – z.B. der 120-PS-Rennwagen mit 14,0-L-Vierzylinder von 1905/1906, der für den Gordon Bennott-Wettbewerb präpariert wurde. Dazu kam noch ein 120-PS-Rennwagen mit 11,0-L-Sechszylinder-ohc-Motor. Ebenfalls ein 120-PS-Auto (wieder mit 14,0-L-Vierzylinder), war 1907 für den Grand Prix entwickelt worden. Im Folgejahr stand ein 140-PS-Vierzylinder mit Kurzchassis bereit. Für spezielle Einsätze (Kaiserpreis, Semmering-Rennen) traten Autos mit über 150 PS an. Hervorzuheben bis zum Ersten Weltkrieg waren ein 90-PS- und ein 100-PS-Typ mit Vierzylinder-Flugmotor. Wegen geänderter Bestimmungen erschien schließlich 1914 ein leichter GP-Wagen mit 4,5 Liter Hubraum (bis 115 PS).

Großes Thema für die DMG nach dem Krieg war der leistungssteigernde Kompressor, getrieben von Chefkonstrukteur Paul Daimler, dann von Ferdinand Porsche. Ganzvolle Siege folgten ab 1921, besonders mit dem Mercedes 28/95 Sport. Sein 7,2 L-Sechszylinder mit V-förmig hängenden Ventilen leistete über 100 PS und basierte auf einem Flugmotor. Ab 1922 kam er mit Kompressor und erreichte fast 150 PS. Parallel eingesetzt wurde der kleinere 6/25 PS, der aufgeladen als Typ 6/25/40 PS auf 40 PS kam.
Ähnlich dem Konkurrenten Benz setzte die DMG zunehmend auf Wettbewerbsautos in den kleineren Divisionen, vor allem in der 2,0-L-Klasse. Erfolgreich waren sie beispielsweise bei der Targa Florio.

Der von Wilhelm Werner erfolgreich pilotierte Mercedes 35 PS vor dem Bergrennen Nizza-La Turbie, 1901. Das Fahrzeug gehörte Henri de Rothschild

Mercedes Rennwagen für die Targa Florio 1924, basierend auf dem 1923er Indianapolis-Wagen

Mercedes Simplex 60 PS, am Steuer Camille Jenatzy, Sieger des Gordon-Bennott-Rennens 1903 (wegen seines roten Bartes und seines Wagemuts »Roter Teufel« genannt)

Mercedes 120 PS Rennwagen von 1906, der auch optisch Maßstäbe setzte. Damals wurden fast gleichzeitig drei verschiedene 120-PS-Wagen eingesetzt

Der älteste noch existente Renn-Mercedes – ein Typ 40 PS von 1902 – im Stuttgarter Mercedes-Museum

Mercedes 2,0-L-Achtzylinder (W2 L8) »Monza« von 1924. Der Tank saß unter dem Wagenboden und reichte bis zur Hinterachse

Benz Parsifal von 1903

Mit dem 8/18 PS bediente Benz das Einstiegssegment (1911)

Carl Benz Söhne Tourenwagen 8/25 PS von 1924 (Exponat im Automuseum Dr. Carl Benz Ladenburg) Foto: Kittler

Fertigmacherei von Benz In Mannheim, 1910

BENZ UND DAIMLER BIS 1926

Benz 21/50 mit 5,3-Liter-Sechszylindermotor und Neuss-Karosserie von 1914, gefahren vom deutschen Botschafter in Großbritannien (Exponat im Technikmuseum Berlin) Foto: Kittler

DAS WEITERE SCHICKSAL DER FIRMA BENZ

Um 1900 war die Produktion mit 603 Fahrzeugen bei Benz sechsmal höher als bei Daimler: Die Mannheimer wurden damit zum größten Automobilhersteller der Welt! Dennoch geriet das Unternehmen anschließend technisch ins Hintertreffen. Als Rettungswagen bei Benz galten der Typ Parsifal von 1903 und die folgenden Vierzylinder. Das Programm der Firma wurde erfolgreich gestrafft, und zum Ende des Jahrzehnts galt Benz wieder als stärkste deutsche Automobilmarke. Sie hatte Erzkonkurrent DMG erneut überflügelt.

Carl Benz musste in der Krisenzeit den Vorstand seiner Firma verlassen – blieb aber im Aufsichtsrat. Streit mit den Anteilseignern gab es bei beiden deutschen Pionierfirmen (und auch bei fast allen anderen, wie sich zeigen sollte). Die Firma überlebte zunächst nur mit herben Verlusten. Doch bald schon ging es wieder bergauf, 1907 wurde sogar die Süddeutsche Automobilfabrik Gaggenau übernommen, die für den Erfolg mit Nutzfahrzeugen verantwortlich zeichnete (die bislang in Mannheim mitgelaufen waren).

Eine konkurrierende Neugründung von Carl Benz, die Firma Carl Benz Söhne in Ladenburg, blieb letztlich erfolglos. Von 1908 bis 1924 wurden nur 300 Einheiten hergestellt. Erfolgreicher war die DMG, gerade unmittelbar vor Beginn des Ersten Weltkriegs. 70 % der gesamten Produktion wurde übrigens vor dem Krieg ins Ausland exportiert – sowohl bei Daimler als auch bei Benz. Aber längst waren auch die Franzosen und Amerikaner zum Treiber der Automobilszene geworden.

Ab Sommer 1911 lief das Unternehmen als »Benz & Cie, Rheinische Automobil- und Motorenfabrik AG« weiter. Es konzentrierte sich zwar auf ertragreichere auf große Luxusliner, brachte aber auch den günstigeren Mittelklässler 8/18 PS, dann 8/20 PS an den Start. Unverhoffterweise wurde dieses Auto bis 1921 zum wichtigsten Produkt der Firma. Die verjüngte Firmenleitung (Friedrich Nallinger, Wilhelm Kissel und Hans Nibel) setzte während des Ersten Weltkriegs auf die kleineren Typen 8/20; 10/30 und 14/30 PS. Erstaunlicherweise wagte man sich sofort nach Kriegsende auch an den kapriziösen 6/18 PS mit Königswellen-Hochleistungsmotor.

Im Wesentlichen blieb die Firma aber bei konservativ konstruierten Qualitätswagen mittlerer und starker Motorisierung, was zu einer bemerkenswerten Jahrestückzahl von 2.500 Einheiten führte. Aufgrund von ruinösen Börsenspekulationen im Gefolge der Inflation vor allem durch den berüchtigten Jakob Schapiro, der auch andere Firmen wie Dixi, Cyclon, NAG und Hansa-Lloyd an den Rand des Abgrunds brachte, geriet Benz & Cie in eine bedrohliche wirtschaftliche Schieflage.

Erste Neukonstruktion nach dem Ersten Weltkrieg war der 6/18 PS (hier 1921), der über alle Ingredienzien eines Hochleistungsmotors verfügte – z.B. über Königswelle und obenliegende Nockenwelle (Exponat im Automuseum Dr. Carl Benz Ladenburg) Foto: Kittler

BENZ UND DAIMLER BIS 1926

SPORT- UND RENNFAHRZEUGE VON BENZ

Vom Rennsport hielt man bei Benz nicht viel – bis der französische Techniker Marius Barbarou den erfolgreichen 60-PS-Parsifal-Rennwagen mit 11,5-L-Vierzylinder lancierte. Weitere Vierzylinder-Fahrzeuge folgten (u.a. für die Targa Florio und das Kaiserpreis-Rennen). Mit dem neuen 1.200-kg-GP-Wagen mit 120-PS-Vierzylinder wurde 1908 das Rennen Petersburg – Moskau gewonnen. Beim GP von Frankreich belegte das 160 km/h schnelle 12,0-L-Auto den zweiten Platz. Der 1908 folgende 150-PS-Wagen war erfolgreich in Europa und in den USA, wo er erstaunliche 183 km/h in Indianapolis schaffte.

Zu Legende wurden der »Blitzen-Benz« und der Benz 82/200 PS-Rennwagen, beide mit 21,5-Liter-Vierzylindern (184 bis 200 PS). Am 8. November 1909 kam Projekttreiber Victor Hémery auf der Brooklandsbahn auf 205,7 km/h für die halbe Meile. Silhouette und Innenraum des 5,0-m-Rekordfahrzeugs waren sehr schmal. Ein nach den USA gelieferter Wagen startete dort als »Lightning Benz« und wurde von Barney Oldfield auf 211,4 km/h für die Fliegende Meile gehievt. Insgesamt entstanden sechs 200-PS-Fahrzeuge.

Spektakuläre Auftritte zelebrierte Benz & Cie. bei den Herkomer-Fahrten, vor allem aber bei den Prinz-Heinrich-Fahrten von 1908 bis 1910. Hier wurden viersitzige Wagen mit 38 bis 100 PS starken Vierzylindern (3,2 bis 9,1 Liter Hubraum) eingesetzt. Zu den namhaftesten Gewinnern der Prinz-Heinrich-Fahrten gehörten Fritz Erle, der die Fahrt 1908 in einem Benz 50 PS gewann, und Ferdinand Porsche (1875-1951), der 1910 in diesem Turnier in einem Austro-Daimler erfolgreich war. Die Prinz-Heinrich-Wagen von 1910 hatten 5,7-Liter-(Benz 50 PS bzw. Typ 60/22/60 PS) oder 7,3-L-Motoren (Benz 80 PS mit tatsächlich 100 PS).

Benz & Cie waren bis 1914 erfolgreich. Nach dem Ersten Weltkrieg, als Hans Nibel Technikchef des von Friedrich Nallinger geführten Unternehmens wurde, nahm man sich besonders der Aerodynamik an: Von den 1921er Vierzylinder-Typen 6/18 PS und 10/30 PS entstanden Stromlinien-Versionen, dazu kamen 16/50 PS-Ausführungen mit Sechszylinder. Einige dieser Sportfahrzeuge liefen nach der Daimler-Benz-Fusion unter der Bezeichnung Mercedes-Benz weiter.

Ein Markstein war der von Chefkonstrukteur Hans Nibel und Fahrwerksspezialist Max Wagner erdachte, 750 kg leichte Benz RH-2,0-Liter (Zwei- und Viersitzer, Radstand 2,78 m, Länge 4,53 m), der 1922 bis 1925 in wenigen Exemplaren als Sport- und Rennwagen entstand. Benz & Cie hatten sich dafür die Nachbaurechte des Rumpler Tropfenwagen von 1921 gesichert. Konstruktionsdetails des RH-2,0-Liter fanden sich später im Auto Union-Silberpfeil wieder.

Der Tropfenwagen nahm an diversen Rennen und Bergwettbewerben teil – beispielsweise 1923 beim Großen Preis von Europa in Monza, wo aber nur die Plätze vier und fünf heraussprangen. Erfolgreicher waren diese Fahrzeuge bei Rennen auf der Solitude, in Baden-Baden und Wettbewerben bei Rastatt. 1926 endete seine Karriere.

Bob Burman kam im April 1911 mit dem 21,5-L-Wagen in Daytona auf 228,1 km/h – und dieser Rekord wurde erst 1924 gebrochen

1911 versah man den Rekordwagen mit einem Reichsadler und nannte ihn »Blitzen-Benz«

160 km/h schneller Benz RH-2,0-L-Tropfenwagen mit 80 PS starkem dohc-Sechszylinder im Heck (um 1923). Erstmals gab es hier eine hintere Pendelachse, während die Vorderräder starr aufgehängt waren

Rekordwagen Blitzen-Benz mit Stromlinienkarosserie (heutiger Zustand). Das Zylinder-Einzelvolumen des 407 kg schweren Vierzylinders mit fünffach gelagerten Kurbelwelle lag bei über 5,0 Liter. Zwei hängende Ventile betätigten die seitlich positionierte Nockenwelle. Das Fahrzeuggewicht soll bei nur 1.450 kg gelegen haben. Das hier gezeigte Fahrzeug im Mercedes-Museum war aus Restteilen für die 50-Jahr-Feier des Automobils 1936 aufgebaut worden

Prinz-Heinrich-Wagen von 1908

Prinz-Heinrich-Wagen von 1910 mit 5,7-Liter (80 PS) mit aerodynamisch verkleidetem Unterboden, damals gefahren von Carl Neumaier. Er gehört zum Bestand von Mercedes-Benz Classic in Stuttgart und wurde in den 2000ern restauriert

DAIMLER-BENZ
1926 - 1945

Mit der Fusion von 1926 legten die vormaligen Kontrahenten Benz und DMG ein gemeinsames, Modellprogramm auf. Die Mittelklasse dominierte, flankiert von Autos der Oberen Mittelklasse, der Ober- und Luxusklasse sowie Sportwagen. Der Einstieg in die Kompaktklasse erfolgte erst nach 1930.

Die 1931 bis 1936 gebaute Mercedes-Benz 170 Limousine mit vier Türen. Ab 1935 wurde auch ein Zweitürer angeboten

Mercedes-Benz 170 Sport-Cabriolet A von 1933

160 km/h schneller Benz RH-2,0-L-Tropfenwagen mit 80 PS starkem dohc-Sechszylinder im Heck (um 1923). Erstmals gab es hier eine hintere Pendelachse, während die Vorderräder starr aufgehängt waren

Rekordwagen Blitzen-Benz mit Stromlinienkarosserie (heutiger Zustand). Das Zylinder-Einzelvolumen des 407 kg schweren Vierzylinders mit fünffach gelagerten Kurbelwelle lag bei über 5,0 Liter. Zwei hängende Ventile betätigten die seitlich positionierte Nockenwelle. Das Fahrzeuggewicht soll bei nur 1.450 kg gelegen haben. Das hier gezeigte Fahrzeug im Mercedes-Museum war aus Restteilen für die 50-Jahr-Feier des Automobils 1936 aufgebaut worden

Prinz-Heinrich-Wagen von 1908

Prinz-Heinrich-Wagen von 1910 mit 5,7-Liter (80 PS) mit aerodynamisch verkleidetem Unterboden, damals gefahren von Carl Neumaier. Er gehört zum Bestand von Mercedes-Benz Classic in Stuttgart und wurde in den 2000ern restauriert

Mercedes 6/25/40 PS von 1923 (Exponat in der Autostadt Wolfsburg)
Foto: Kittler

Mercedes-Benz 630 Kompressor mit 160 PS von 1926

Kompressormotor des Mercedes Typ 630

BENZ UND DAIMLER BIS 1926

Mercedes 24-100-140 Typ 400 von 1924 (Exponat im Technikmuseum Sinsheim) Foto: Kittler

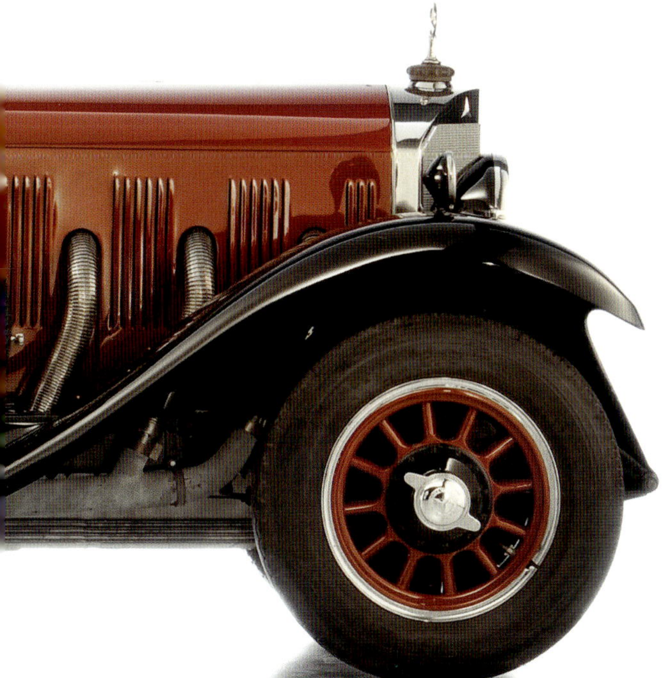

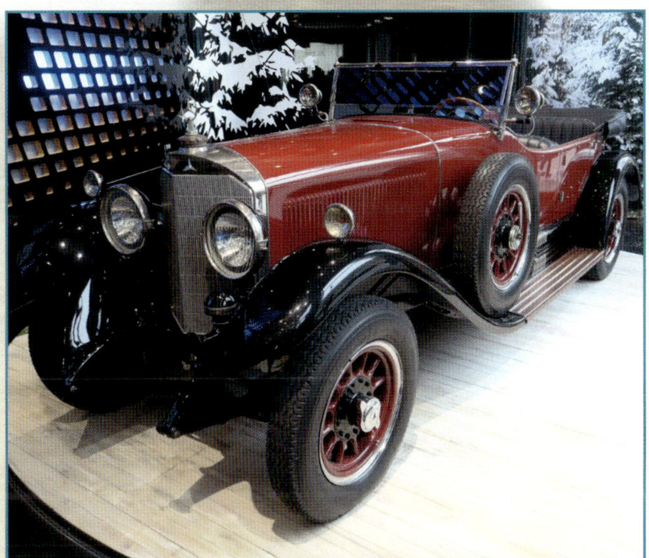

Mercedes 24/100/140 Typ 630 von 1925 Foto: Kittler

GROSSER ABGESANG VOR DER FUSION

Benz und die DMG kamen vor allem durch äußere Einflüsse in wirtschaftliche Schwierigkeiten. Dennoch brachten beide Marken weiterhin technisch aufwändige Fahrzeuge heraus. Hervorzuheben sind die starken, von der Flugmotoren-Erfahrung beeinflussten Kompressor-Typen der DMG ab 1921. Premiere hatten die Typen Mercedes 6/25 PS und 10/40 PS auf der ersten Deutschen Automobil-Ausstellung nach dem Ersten Weltkrieg im Herbst 1921 in Berlin (Markteinführung erst 1923). Die 1,6- und 2,6-L-Kompressormotoren waren unter der Leitung von Paul Daimler entwickelt worden. Der älteste Sohn von Gottlieb Daimler, seit 1907 Leiter der DMG-Fahrzeugentwicklung, experimentierte erstmals 1919 mit einem Roots-Kompressor am Motor eines Mercedes Knight 10/40 PS. Dank des mechanischen Laders wuchs die Motorleistung um 60 %.

Um das Potenzial schon im Namen zu verdeutlichen, erhielten die beiden Fahrzeuge im Jahr 1924 erweiterte Typbezeichnungen: Mercedes 6/25/38 PS und 10/40/65 PS (letzte Zahl für die Leistung in PS bei zugeschaltetem Kompressor). Nachdem Paul Daimler im Streit das Unternehmen verließ, kam Ferdinand Porsche, der zwei imposante, Kompressor-bestückte Tourenwagen mit 4,0 und 6,3 Liter Hubraum entwickelte: die Modelle 15/70/100 PS Typ 400 und 24/100/140 PS Typ 630 (beide 1924 bis 1929).

Doch die schlechten wirtschaftlichen Verhältnisse ließen den Absatz schrumpfen. Bereits im Mai 1924 kam es darum auf Druck der Deutschen Bank zur Gründung einer Interessengemeinschaft, ein Jahr später begannen gemeinsame Vertriebsaktivitäten. Schon im Februar 1925 hatte man sich auf ein gemeinsames Logo – den Stern von Daimler und den Kranz von Benz – geeinigt. Am 22. Juni 1926 wurde dann der offizielle Fusionsvertrag unterzeichnet.

Andererseits hatten Benz und Daimler im Jahr vor der Verschmelzung zur Daimler-Benz AG bereits fast 6.000 Automobile hergestellt, beschäftigten mehr als 15.000 Menschen und erzielten rund 104 Millionen Reichsmark Umsatz. Was aber alles nichts half – die wirtschaftliche Gefahr für die beiden ältesten deutschen Automobilbauer überstrahlte alles. Erst mit der Fusion sollte dem Erfolg nichts mehr im Wege stehen. Auch andere deutsche Marken – beispielsweise Audi, Horch, DKW und Wanderer – suchten ihr Glück erfolgreich in Fusionen.

Es ging nun um eine vereinheitlichte Modellpalette sowie gemeinsame Entwicklung, Konstruktion, Herstellung und Vertrieb. Schrittweise sollten sich die Hersteller einander annähern. Benz-Manager Wilhelm Kissel wurde zum Chef ernannt, der geschickt agierend den Einfluss der Spekulanten zurückdrängte. Obwohl die DMG als stärkeres Unternehmen in die Fusion ging, avancierten Kissel und Friedrich Nallinger zu den neuen Leitfiguren. Das Benz-Pkw-Programm wurde aber 1927 beendet, während einige DMG-Typen noch weiterliefen. Unter dem neuen Logo waren sie bereits 1925 in den Verkauf gegangen. Die neue Daimler-Benz-Zentrale befand sich übrigens in Berlin.

DAIMLER-BENZ

1926 - 1945

Mit der Fusion von 1926 legten die vormaligen Kontrahenten Benz und DMG ein gemeinsames, Modellprogramm auf. Die Mittelklasse dominierte, flankiert von Autos der Oberen Mittelklasse, der Ober- und Luxusklasse sowie Sportwagen. Der Einstieg in die Kompaktklasse erfolgte erst nach 1930.

Die 1931 bis 1936 gebaute Mercedes-Benz 170 Limousine mit vier Türen. Ab 1935 wurde auch ein Zweitürer angeboten

Mercedes-Benz 170 Sport-Cabriolet A von 1933

Mercedes-Benz 170 Cabriolet C von 1931

KOMPAKTKLASSE

TYP 170 (W15) 1931-1936

Kleine, preisgünstige Autos hatte Daimler-Benz nach der Fusion nicht im Programm. Erst kurz nach der Weltwirtschaftskrise entstand unter Leitung von Hans Nibel ein verhältnismäßig kleines, wirtschaftliches und preisgünstiges Fahrzeug in dennoch hoher Qualität. So wollte man auch Kunden behalten, denen die Krise existenzielle Sorgen gebracht hatte. In der Stuttgarter Geschichtsschreibung wird das Sechszylinder-Modell der Kompaktklasse zugeordnet. Der Mercedes-Benz Typ 170 (Baureihe W15) wurde im Oktober 1931 auf dem Pariser Salon vorgestellt. Als neueste technische Errungenschaft war der Wagen vorn und hinten mit Schwingachsen, sprich: einer Einzelradaufhängung, ausgerüstet.

Die moderne Technik und die gefällige Form des Wagens fanden ebenso Anklang wie der trotz des Sechszylinder-Motors relativ niedrige Preis. Als viertürige Limousine kostete der 32 PS starke »kleine Mercedes« 4.400 RM, also fast 1.600 RM weniger als die preisgünstigste Ausführung des Typs Stuttgart. Er stand somit als Hubraum-kleinstes und preisgünstigstes Fahrzeug am unteren Ende des Mercedes-Benz Pkw-Programms. Der Typ 170 trug wesentlich dazu bei, dass Daimler-Benz die Wirtschaftskrise gut bewältigen konnte. Im Jahr 1932 wurden bereits 4 438 Stück gebaut; allein diese Stückzahl war größer als die gesamte Produktionszahl aller Mercedes-Benz Pkw-Modelle des Vorjahres.

Im ersten Produktionsjahr wurde der Typ 170 nur als viertürige Limousine und als viersitziges Cabriolet C angeboten. Bemerkenswert war der zwar kleine, aber serienmäßig verfügbare Außenkoffer, zunächst in freistehender Ausführung und ab 1934 direkt an die Karosserie angebaut. Ab April 1932 wurde auch das Fahrgestell zur Fremdkarossierung angeboten. Im September 1932 ergänzte ein zweisitziger »Roadster in Spezial-Ausführung« die Modellpalette, ein Jahr später folgte das »Sport-Cabriolet A«, das mit einem Preis von 7.000 RM zur teuersten Variante des Typ 170 geriet. Im Februar 1934 kam ein zweitüriger Tourenwagen mit vier Sitzen hinzu, der wahlweise mit Sindelfinger Karosserie oder Fremd-Aufbau erhältlich war. Die viertürige Limousine konnte vom gleichen Zeitpunkt an auf Wunsch mit einem Rolldach aus Sindelfinger Produktion ausgerüstet werden.

Im Februar 1935 debütierte außerdem eine zweitürige Limousine, die bereits das Karosseriedesign des Nachfolgemodells 170V vorwegnahm; gleichzeitig wurde für alle Aufbauvarianten der bisherige Flachkühler durch einen Kühler mit flacher Keilform ersetzt. Außer den genannten Karosserievarianten wurde der Typ 170 in den Jahren 1932 bis 1935 auch als Kastenlieferwagen für 300 kg Nutzlast angeboten. Die Typenbezeichnung L 300 entsprach der Nomenklatur der Mercedes-Benz Lastwagenmodelle.

Der Typ 170 wurde im Frühjahr 1936 vom 170V abgelöst, der mit seinem Vorgänger außer der Hubraumklasse nichts mehr gemein hatte (und bereits zur Mittelklasse zählte). Technisch vollkommen neu konzipiert, war der 170V nun mit einem Vierzylinder-Aggregat ausgestattet. Vom Mercedes-Benz 170 mit Sechszylinder-Motor wurden insgesamt 13.775 Stück gebaut. Dazu kamen noch einmal 126 Exemplare der Lieferwagen-Variante L300.

L300 Kastenwagen auf 170er-Basis (1932-1935)

DAIMLER-BENZ 1926-1945

KOMPAKTKLASSE

TYP 130 (W23) 1934-1937
150H (W30) 1934-1936
TYP 170H (W28) 1936-1939

Die ab 1934 lancierten Heckmotor-Autos entsprachen der damaligen Idee preisgünstiger Einstiegsautos wie des VW Käfers (»KdF-Wagen«), der aber erst vier Jahre nach dem Mercedes-Benz 130 (W23) herauskam. Tatsächlich war dieser der erste Großserien-Heckmotorwagen der gesamten Automobilhistorie.

Der 1,3-L-Heckmotor mit 26 PS ermöglichte eine gute Raumausnutzung. Das gab den Passagieren bei einem relativ kurzen Radstand nicht nur Platz, sondern auch den bestgefederten Raum zwischen den Achsen, was den 92 km/h schnellen Fahrzeugen ein geringeres Gewicht sowie reduzierte Übertragungsverluste brachte. In drei Jahren Produktionszeit entstanden 4.298 Einheiten.

Wegen des langen Hecks wurde der 130 als »Heckschnauzerle« bezeichnet. Die Kotflügel waren meist schwarz lackiert, der Karosserie-Grundkörper gab sich im Debütjahr 1934 einfarbig (Grau, Blau, Rot, Maroon, Beige). 1935/36 bekam der 130 serienmäßig eine Zweiton-Nitrolackierung – mit dunkel lackiertem Zierstreifen auf der vorderen Haube und einer markanten Betonung der Gürtellinie. Zu haben war das Auto als Limousine, als Cabrio-Limousine mit feststehenden Seitenteilen und Rolldach sowie als Tourenwagen mit Cabrioverdeck und seitlichen Steckscheiben
1934/35 folgten zwei Sonderausführungen (W30): das 125 km/h schnelle Wettbewerbs-Coupé 150H und der erstmals auf der Berliner IAMA 1935 vorgestellte Mercedes-Benz 150H Sport-Roadster (die offene Variante des Rennfahrzeugs). Der Roadster war jedoch ein Flop.

Das Konzept des ursprünglichen 130 wurde verbessert und mündete 1936 im Mercedes-Benz 170H (Baureihe W28). Er trug als einzige Heckmotor-Limousine das »H« in der Bezeichnung, um ihn von dem mit dem gleichen Motor versehenen 170V (der intern bereits zur Mittelklasse zählt) mit Frontmotor zu unterscheiden. Der Typ 170H, der bis 1939 im Modellprogramm blieb, räumte mit vielen Nachteilen des Typ 130 auf und bot ein weniger übersteuerndes Fahrverhalten. Gegenüber dem 170V punktete der 170 H zudem in puncto Federungskomfort, Geräuschentwicklung, Luftwiderstand und Fahrleistungen. Neben der Limousine gab es den 170H als Cabrio-Limousine (4.500 RM) mit textilem Rolldach oberhalb der feststehenden Seitenteile, während auf ein Vollcabriolet verzichtet wurde.

Markant für alle Heckmotor-Typen war das geänderte Karosseriedesign gegenüber traditionellen Frontmotor-Fahrzeugen. Sie brauchten nicht mehr den üblichen Kühlergrill, und die Frontpartie präsentierte sich bei den Heckmotor-Fahrzeugen gerundet, mal mit aufgelegtem Stern mit Umrandung (Typ 130), mal mit Stern ohne Umrandung (Typ 170H), mal mit dem bis heute bekannten, freistehenden Mercedes-Stern (Typ 150). Sicher auch wegen ihres ungewohnten Designs konnten sich die Heckmotor-Wagen letztendlich damals noch nicht durchsetzen. Bis 1939 entstanden nur 1.507 Exemplare vom 170H.

Zweisitziger Mercedes-Benz 150H (W30) mit Coupé-Aufbau und Flügeltüren für die »2000 km durch Deutschland« von 1934 mit 1,5-Liter (55 PS)

Mercedes-Benz 170H Limousine von 1937

Mercedes-Benz 150H Sport-Roadster (ebenfalls Baureihe W30) von 1935. Bis 1936 im offiziellen Programm, aber nur etwa 20-mal verkauft

Die stromlinienförmig gezeichneten Heckmotor-Typen 170H Cabriolimousine, 130 Cabriolimousine und 150H Sport-Roadster (von links)

Heckmotor-Konzeption des Typ 130 (Antriebseinheit in einem Block)

Nochmals die Heckmotor-Typen 150H, 130 Cabriolimousine und 170H Cabriolimousine von hinten

Mercedes-Benz 8/38 PS Typ 200 Stuttgart Roadster, 1926-1928

Mercedes-Benz Typ 200 Roadster, beim ADAC-Harz-Wettbewerb 1933

Mercedes-Benz 10/50 PS Typ 260 Stuttgart Limousine von 1929

Mercedes-Benz 200 lang (Baureihe W21) beim Lackfinish 1935 in Sindelfingen

DAIMLER-BENZ 1926-1945

MITTELKLASSE
TYP 200 (W02) UND
260 STUTTGART (W11) 1928-1933
TYP 200 UND 230 (W21) 1933-1937

8/38 PS Typ 200 Stuttgart von 1926

Nach der Fusion war das Typenprogramm ab 1926 neu sortiert worden. Zu den ersten Pkw-Modellen der Marke Mercedes-Benz gehörte der Typ 8/38 PS (W02) mit Sechszylinder-2,0-Liter, der 1926 erstmals auf der Berliner Automobilausstellung gezeigt worden war. Ab 1928 nannte er sich Mercedes-Benz 8/38 Typ Stuttgart 200 – Städtenamen waren damals üblich bei den deutschen Herstellern. Über 13.000 Einheiten der Baureihe sind insgesamt gebaut worden. Damit war er das zunächst wichtigste Auto der Firma. Es galt als preiswertestes, ausgereiftes Fahrzeug in der Mittelklasse. Ebenso in jene Klasse gehörte der erstarkte 10/50 PS Stuttgart 260 (W11) aus dem Jahr 1929. Von ihm entstanden ca, 7.000 Exemplare.

Nachfolgemodelle im mittleren Segment in den 30ern waren die moderner gezeichneten W21-Typen 200 (1933) und 230 (1936). Bei genauerem Hinschauen sind sie nahe verwandt mit dem Typ 170 mit seinem Schwingachs-Fahrwerk (Baureihe W15), dem offiziell ersten Kompakten (vgl. S. 22/23). Der 200 ersetzte zwar offiziell den Typ Stuttgart 200, dessen Starrachs-Fahrwerk nicht mehr zeitgemäß war. Doch das repräsentative Auftreten seines Vorgängers hatte der niedrige Schwingachs-Wagen nicht. Die Aufwertung der Reihe kam mit dem stärkeren 2,3-Liter ab 1936 (55 PS statt 40 PS). 15.000 Einheiten entstanden von den Versionen mit normalem und langem Radstand.

Die Autos waren je nach Radstand zwischen 4,00 und 4,50 m lang. Manche Ableitungen wie Kasten- oder Krankenwagen waren naturgemäß noch länger. Handelte es sich zunächst noch um Sechszylinder, besorgten ab dem erfolgreichen 170V Vierzylinder-Motoren den Antrieb. Leistungssteigernde Kompressoren kamen in dieser Klasse nicht zum Einsatz.

Allein in der profitablen Mittelklasse entstanden in der Folgezeit bis zum Zweiten Weltkrieg weit über 100.000 Einheiten, verteilt auf zehn unterschiedliche Haupttypen. Kein anderes Segment erreichte einen solch hohen Ausstoß. Die höchsten Stückzahlen – alles in allem über 70.000 – entfielen auf den ab Mitte der 30er gebauten 170V der Reihe W136 (S.28/29).

Mercedes-Benz 200 Cabriolet A (W21), 1936

Viele Mittelklasse-Vertreter gab es mit unterschiedlichen Aufbauten – als Limousine, Cabriolet, Roadster, teilweise auch mit Nutzfahrzeug-Spezifikationen. Für die offenen Autos führte Daimler-Benz eine allgemeingültige Nomenklatur von A bis F ein, die noch für lange Jahre gelten sollte: Cabrio A = zwei Türen, zwei Sitze; Cabrio B = zwei Türen, vier Sitze; Cabrio C = vier Türen, vier bis sechs Sitze; Cabrio D = vier Türen, vier bis fünf Sitze; Cabrio F = Pullman-Cabrio mit zusätzlichem Seitenfenster hinten. Gebaut wurden die Cabrios sowohl bei Daimler-Benz selbst, als auch bei freien Karossiers.

DAIMLER-BENZ 1926-1945

MITTELKLASSE
TYP 170V (W136) 1936-1942
TYP 230 (W143/153) 1937-1943

Ab Mitte der 30er kamen technisch und optisch modernisierte Mittelklässler, deren Erbgut weit in die Zukunft reichen sollte. Das betraf zuallererst den Stückzahlmeister W136, der als Mercedes-Benz 170V (V für Motor vorn) auf den Markt rollte. Er war der einzige Wagen, der nach dem Zweiten Weltkrieg fast unverändert im Programm blieb. Bei seiner Präsentation im Februar 1936 auf der Internationalen Automobil- und Motorradausstellung in Berlin war er einer von drei Neuen, die wahrlich Produktgeschichte schrieben. Neben dem 170V waren dies der Kompaktwagen 170H und der 260. Mit dem frühen Typ 170 – noch mit Sechszylinder – hatte der Neue nichts zu tun. Erstaunlicherweise stand er bereits bei seiner Markteinführung in einer Vielzahl von Karosserievarianten zur Wahl: als zwei- und viertürige Limousine, als Cabriolimousine, offener Tourenwagen, Cabriolet B und zweisitziger Roadster, dazu kam 1935 das Cabrio A.

Rückgrat der Neukonstruktion war ein X-förmiger Ovalrohrrahmen, der bei größerem Radstand ca. 50 kg leichter und dennoch steifer war als der bis dahin verwendete Kastenrahmen des 170. In der vorderen Rahmengabel saß der Motor, in der hinteren war das Differenzial untergebracht. Vorn fanden sich einzeln gefederte Räder, die an zwei quer liegenden Blattfederpaketen hingen. Die Dämpfung erfolgte über zwei Kolbenstoßdämpfer. Hinten hatte der 170V eine Pendelachse mit Schraubenfedern. Das Triebwerk war eine Weiterentwicklung des ursprünglich nur 1,3 Liter großen 38-PS-Vierzylinders des kompakten 130-Heckmotor-Wagens. Dank des auf 1,7 Liter Hubraum vergrößerten, sehr anspruchslosen und robusten Motors erzielte man mehr Drehmoment.

Mit etwas leistungsgesteigerten Vierzylindern versehen kamen Geländesport-Zweisitzer heraus, zudem wurden Wehrmachts-Kübelwagen ausgeliefert (vgl. S. 52/53). Seit 1939 gab es eine »Sonderausführung« des 170V mit nachrüstbarem Holzvergaser als Reaktion auf die sich verschärfenden Benzinverknappung. Trotz erhöhter Verdichtung mobilisierte der Holzvergaser-Typ nur 22 PS, weniger als 60 % der Leistung des normalen Benziners. Andererseits zeigten Karosserieumbauten, wie effizient auch ein konventionell angetriebener 170V gefahren werden konnte – beispielsweise mit Kamm-Stromlinienaufbau, so realisiert 1938.

Etwas oberhalb des 170V positioniert war der Typ 230/230n, der von 1937 bis 1941 als W143 lief. Er war eng verwandt mit dem Mercedes-Benz 200 (W21) und kam in einer Vielzahl von Ausführungen. Verwirrenderweise wurde nahezu parallel und in größerer Stückzahl ein weiterer Mercedes-Benz 230 von 1938 bis 1943 (Baureihe W153) hergestellt. Der jüngere 230 saß auf einem völlig neuen Fahrgestell, behielt aber zunächst den 230er-Sechszylinder-Motor mit 55 PS. Dieser wurde dann durch ein gleichstarkes, aber durchzugsfreudigeres Triebwerk ersetzt. Beide Motorversionen kam auch den Sport- und Geländesport-Ausführungen 230 SV zugute.

Mercedes-Benz 170V Cabriolet B von 1939

Typ 170 V K2/K3 mit Kamm-Stromlinien-Aufbau von 1938 (Concours-Teilnehmer Schloss Bensberg Classics 2014), als Unikat während der Kriegsjahre bereits mit einem 1,7-L-Diesel ausgerüstet
Foto: Staud

Mercedes-Benz 170V Tourenwagen

Der Mercedes-Benz 170V (W136) entpuppte sich als Evergreen

Mercedes-Benz Typ 230 Cabrio D 55 PS (W153), 1939-1943

230n Limousine von 1938 (W143) Foto: Kittler

Mercedes-Benz 260D Pullman-Limousine von 1936

Mercedes-Benz 260D Cabriolet, 1937-1940

Mercedes-Benz 260 D (Illustration aus einem zeitgenössischen Serviceprospekt)

Mercedes-Benz 260D als Droschken-Landaulet von 1936

MITTELKLASSE

TYP 260D (W138) 1936-1940

Das Thema Verbrauchsreduzierung ist nicht neu. Und wurde auf dem Nutzfahrzeugsektor bereits in den 20er-Jahren erfolgreich vorexerziert. Zwischen 1936 und 1940 baute Mercedes Benz den 260D und damit den ersten serienmäßigen Diesel-Pkw der Welt (wobei damals auch ein Hanomag mit Diesel vorgestellt worden ist). Wegen seiner Sparsamkeit, Langlebigkeit und der komfortablen Platzverhältnisse war der 260D vor allem als Taxi im Einsatz. Aber auch Privatkunden kauften einen der insgesamt 1.967 produzierten Vierzylinderwagen, die es in verschiedenen Karosserieversionen gab

Zuvor hatte es Versuche gegeben, einen der 80 PS starken Sechszylinder-Selbstzünder aus der Daimler-Nutzfahrzeugbaureihe mit dem Chassis des 200er-Benziners zu fusionieren – aber die starken Vibrationen ließen den Rahmen brechen. Daraufhin entwickelten die Stuttgarter Motorentechniker einen neuen Vierzylinder-Diesel auf Basis des bisherigen Sechszylinders. Dieses Triebwerk setzte man in den Vorderwagen des Pullman-Landaulets Typ 230 (W143) und absolvierte 1935 einen erfolgreichen Großversuch mit 170 Fahrzeugen (überwiegend Taxis). Daraufhin ging der 260er ohne große Veränderungen in Serie.

Alle vier Räder hatten hydraulisch betätigte Trommelbremsen und waren einzeln aufgehängt, hinten an einer Pendelachse mit Schraubenfedern, vorn an zwei quer eingebauten Blattfedern. Völlig neu war nur der OM138-Motor – ein freisaugender Viertakt-Diesel mit Vorkammereinspritzung, Druckumlaufschmierung, fünffach gelagerter Kurbelwelle und Wasserkühlung. Außer im Pkw wurde der OM138 auch in den leichten Nutzfahrzeugen L1100 und L1500 einschließlich des Omnibusmodells O1500 eingesetzt und insgesamt 5.719-mal gebaut.
Der neue Mercedes 260D (Baureihe W138) markierte Bestmarken in puncto Energieeffizienz und begründete das Image, von dem die Technik bis heute zehrt. Verbrauchte ein Mercedes 200 in jener Zeit 13 bis 14 Liter Benzin, so begnügte sich der 260D mit kaum mehr als 9,0 Liter auf 100 km. Das reichte für rund 400 km und löste so gleich nebenbei das damalige Problem des dünnen Tankstellennetzes. Für Taxifahrer hatte die neue Mercedes-Limousine zudem einen weiteren Vorteil: Besitzer eines Personenbeförderungsscheins konnten den Dieselkraftstoff seinerzeit für vergleichsweise günstige 17 Pfennig je Liter tanken
Mit seinem 45 PS starken, unglaublich langlebigen ohv-Vierzylinder galt der 260D als ordentlich motorisierte Reiselimousine. Neben den viertürigen Limousinen angeboten wurden auch zwei- und viertürige Cabrios, Droschken- und Pullman-Limousinen sowie ein Droschken-Landaulet – teilweise schwere Wagen mit einem Leergewicht von 1.700 kg. Waren die ersten Modelle noch mit drei Gängen plus einem Autobahnschnellgang ausgestattet, gab es ab der zweiten Generation ein vollsynchronisiertes Viergang-Getriebe. Wirklich schnell wollten die Wagen gar nicht sein: 95 km/h galten als realistisch – und völlig ausreichend.

Dieselmotor OM138 von 1936

DAIMLER-BENZ 1926-1945

OBERE MITTELKLASSE
TYP 300 BIS 350 (W03 BIS W05) 1926-1929
TYP 350 UND 370 MANNHEIM (W10) 1929-1934

Mercedes-Benz 12/55 PS Typ 300 Pullman (W03), 1926-1929

Die ersten neuen Modelle nach der Fusion waren neben den Mittelklassewagen die repräsentativeren Fahrzeuge der Oberen Mittelklasse. Dazu zählten die schweren, geräumigen, und bequemen, aber eben keineswegs übermotorisierten Typen 300 (12/55 PS), 320 (12/55 PS) und 350 (14/60 PS) – allesamt von Ferdinand Porsche verantwortete Sechszylinder der Reihen W03, W04 und W05, die bis 1929 liefen. Angeboten wurden sie mit allen nur denkbaren Karosserieaufbauten: Tourenwagen (sechssitzig), Limousine (fünf- und sechssitzig), verschiedene Cabriolets mit zwei bis vier Sitzen. Zudem wurde natürlich, wie bei fast allen Modellen, das reine Fahrgestell offeriert, um es extern karossieren zu lassen. Genau dieses Fahrgestell war zwar unglaublich robust, aber mehr als 40 % schwerer als das des parallel angebotenen 2,0-Liter-Mittelklassemodells.

Damit erwiesen sich die Baureihen W03, W04 und W05 als zu schwerfällig. Sie ließen sich darum – selbst als Motoren-seitig aufgerüstet worden war – nur mit Mühe verkaufen. Und dies, obwohl von Anfang an auf eine günstige Einpreisung geachtet worden ist! »Moderne Gebrauchswagen in höchster Vollendung«, schrieb die Werbung. Sie liefen bis zu ihrem Auslauf in Mannheim (trugen aber noch nicht diesen Beinamen), nur 4.234 Einheiten hatten sich absetzen lassen. Mit ihnen endete die Weiterführung von Autos, die noch gewisse Benz-Anklänge aufwiesen.

Erst die W10-Vertreter Mercedes-Benz 350 und 370, die nunmehr den Beinamen Mannheim trugen, waren modernere und eleganter wirkende, etwas stärkere Fahrzeuge. Die von Hans Nibel aufgesetzten Typen blieben bis 1934 im Modellprogramm und liefen tatsächlich im Werk Mannheim. Sie waren deutlich abgespeckt worden. Der parallel gebaute verkürzte Sporttyp 370K (auch als 15/75 PS bezeichnet), gehörte zur Modellreihe WK10. »K« stand für »Kurz« und nicht für »Kompressor«, hatte doch dieser Typ 18 cm einen auf 2.850 mm verkürzten Radstand. 70 bzw. 75 PS für den Sporttyp waren nunmehr abrufbereit. Der noch sportivere 370S (WS10) mit noch kürzerem Radstand wurde 1933 auf 78 PS gehievt. Wegen seines geringeren Gewichts und seiner Zweivergaser-Anlage war der 370S deutlich spritziger als die anderen 3,7-L-Modelle. Intern wurde er gar als »kleiner Typ SS« bezeichnet – was sicher zu hochgegriffen war. Von 1931 bis 1933 entstanden insgesamt 213 Einheiten des 370K und 183 Fahrzeuge des 370S im Werk Untertürkheim. Zum Produktionsauslauf erhielt der Typ 370, wie er jetzt in einem Teil der Druckschriften ganz nüchtern genannt wurde, einen dezent gepfeilten Spitzkühler und wurde – endlich! – serienmäßig mit Schnellgang-Getriebe ausgestattet. Nachfolger des Mannheim 370 war der Typ 290 von 1934.

Mercedes-Benz 12/55 PS Typ 320 Cabrio D (W04), 1928

Mercedes-Benz Typ 370S Mannheim Cabriolet A von 1930, von manchen etwas hochtrabend als »kleiner Typ SS« bezeichnet

Mercedes-Benz 370 Mannheim (W10) von 1933 (Exponat Technikmuseum Sinsheim) Foto: Kittler

4/70 PS Typ 350 Mannheim Pullman (W10) von 1929

370K Mannheim Pullman-Limousine (W10) von 1931

Mercedes-Benz 380 Cabrio A (W22), 1933-1934

Mercedes-Benz 290 Cabriolet A (W18), 1936

Mercedes-Benz 380 Cabrio A (W22), 1933-1934

380 Cabriolet B (W22), 1933/1934

Typ 380K (W22) von 1934 Foto: Kittler

DAIMLER-BENZ 1926-1945

380K Kombicoupé von 1934 (Exponat Techno Classica) Foto: Kittler

OBERE MITTELKLASSE
TYP 290 (W18) 1933-1937
TYP 380 (W22) 1932-1934

Der Typ 290 (Baureihe W18), angeboten von 1933 bis 1937, war zwar Nachfolger der W10-Reihe, bekam aber einen kleineren Motor – auch um den Abstand zur Luxusklasse besser zu wahren. Denn selbst vom 290er gab es beispielsweise Langversionen, die zumindest äußerlich zur Oberklasse zu gehören schienen. Aufgrund seines hubraumreduzierten 2,9-L-Sechszylinders waren nur noch 60 bzw. später 68 PS abrufbar, die aber dank des geringeren Wagengewichts nicht schwächlich wirkten. Die Fahrzeuge hatten an Ästhetik gewonnen, auch ihre Fahrwerkstechnik hatte man optimiert. Vielleicht noch stärker als bei den vorangegangenen Baureihen widmeten sich freie Karossiers nun dem moderneren Auto.

Zudem entstand bei Daimler-Benz selbst eine kleine Anzahl der mit Stromlinienaufbau versehenen, sogenannten »Autobahn-Kurier«-Ableger – und dies sowohl als Typ 290 als auch als Typ 320 und natürlich als Typ 500/540K (mit dem diese mutige Karosseriekonstruktion begonnen wurde). Nicht zu vergessen eine ebenfalls auf dem Typ 290 aufgebaute, schwülstige Art-d'eco-Traumkarosse von Erdmann & Rossi, die 1935 in Berlin gezeigt worden ist (und später auf dem Chassis eines Oberklassemodells zurückkehrte).

Als Zwischentyp galt der noch dynamischer wirkende 380, der in den Versionen 380S und 380 von 1932 bis 1934 produziert worden ist – zählte er doch als Vorgänger des Luxusliners 500K. Tatsächlich basierte der 380 auf dem 370S aus Untertürkheim. Aber er vollzog bereits die Abkehr von den althergebrachten Fahrwerken mit Starrachsen und Blattfedern: Anfangs parallel zur alten Starrachs-Konstruktion, dann ausschließlich verfügte der 380er über das moderne Konzept mit Einzelradaufhängung vorn (Trapezlenker und Schraubenfedern) und hinterer Pendelachse mit Schraubenfedern.

Von Anfang an hatte der 380S (W10) einen Reihen-Achtzylinder, hier zum allerersten Mal eingesetzt in der Oberen Mittelklasse von Mercedes-Benz. Diese erste 3,8-Liter-Version mit 80/85 PS geht konstruktiv noch auf das technisch mittlerweile überholte, seitengesteuerte Sechszylinder-Aggregat des Typs 290 zurück. Darum lösten ihn 1933 hintereinander gleich drei weitere Motorvarianten ab: Der Achtzylinder erhielt hängende Ventile (ohv) und brachte 90 PS. Auf Wunsch wurde er ab Werk mit angeflanschtem Kompressor versehen und leistete dann 120 PS. Dieser Motor wurde bald durch eine neue Version abgelöst, die von Anfang an einen integrierten Kompressor hatte und 90/140 PS produzierte. Eine vergrößerte Bohrung führte dann zu der dritten Variante mit 4,0 Liter Hubraum bei gleicher Leistung (keine Änderung der Typenbezeichnung). Das Getriebe war in allen Fällen eine Dreigangbox mit Schnellgang.
Auch den 380 gab es in den verschiedensten Versionen – als geschlossene, viertürige Limousine, als Coupé und als Cabriolet A, B, C – wobei die Cabrios B und C mit 54 und 44 Einheiten am meisten gefragt waren. Zu haben war er zudem als offener Tourenwagen (elf Exemplare) und als Roadster (nur sieben Stück).

290 Roadster-Umbau Carosserie Amilcar, St. Denis Foto: Kittler

OBERE MITTELKLASSE
TYP 320 (W142) 1937-1942

Den Abschluss der Oberen Mittelklasse vor dem Zweiten Weltkrieg bildete der Typ 320 (Reihe W142). Er wurde von 1937 bis 1942 angeboten und basierte auf dem Typ 290. Wichtigste von außen wahrnehmbare Unterschiede des 320 zum ähnlichen 290er waren die weniger wuchtigen, mit Hörnern versehenen Stoßfänger und das modifizierte Kühlergesicht. Die Scheinwerfer hatten einen etwas kleineren Durchmesser und stärker gewölbte Gehäuse, die an gegossenen Füßen im Kotflügel befestigt waren. Damit entfiel die markante verchromte Querstange vor dem Kühler.

Mercedes-Benz 320 Cabrio A, 1938

Zunächst ausgestattet mit einem konventionellen, aber erstaunlich elastischen 3,2-L-sv-Sechszylinder mit Fallstromvergaser bekam das Fahrzeug 1938 einen eng verwandten 3,4-Liter bei unveränderter Typenbezeichnung. Grund dafür war nicht etwa ein angestrebtes Leistungsplus, sondern die schlechter werdende Benzinqualität in Deutschland. Dank des größeren Hubraums konnte man die Maximalleistung von 78 PS und den Drehmomentverlauf halten. Auch noble Wettbewerber wie Maybach oder Horch bedienten sich dieses Tricks. Eine Kompressor-Version des 320 gab es nicht mehr.

Auch das neuabgestimmte Fahrwerk stammte vom Typ 290 (W18): vorn mit einer speziellen Einzelradaufhängung (unten mit querliegender Blattfeder, oben mit einem Lenker, der sich innen auf eine Spiralfeder abstützte). Die hintere Zweigelenk-Pendelachse hatte auf beidseits zwei hintereinander platzierte Spiralfedern. Die unter dem Differenzial liegenden zwei Ausgleichsfedern hatte der Typ 320 nicht mehr. An Vorder- und Hinterachse wurde aber je ein doppeltwirkender hydraulischer Hebelstoßdämpfer angebracht. Der Kastenrahmen mit Quertraversen entsprach der damaligen Standardbauweise.

Zunächst offerierte Mercedes-Benz zwei Radstände. Auf dem kurzen Radstand von 2.880 mm wurden ein Fahrgestell, das Cabrio A und ein sogenanntes »Kombinations-Coupé mit abnehmbarem Dach« (die Engländer würden das »Drop Head Coupe« nennen). Gefragter waren indes die insgesamt zehn (!) Modelle auf normalem Fahrgestell (3.300 mm Radstand): Limousinen und Pullman-Limousinen, Cabrios A bis F, Tourenwagen, Roadster und sogar die beim Typ 290 bereits erwähnte Stromlinien-Limousine (»Autobahn-Kurier«).

Dazu kam eine Version mit langem Radstand. Die viertürige Limousine sowie das Cabriolet B und Cabriolet D bekamen bereits von außen zugängliche Kofferräume, während beim Cabriolet A, beim Kombinations-Coupé sowie beim Roadster von innen beladen werden musste. Pullman-Limousine, Cabriolet F und Offener Tourenwagen hatten erstaunlicherweise keine Kofferräume, sondern nur eine ausklappbare Gepäckbrücke – erst 1939 kam beim Pullman der zudem stilistisch schönere Kofferraum mit Außenbetätigung. Die letzten Fahrzeuge des Mercedes-Benz Typ 320 wurden 1942 in den Werken Untertürkheim und Mannheim gebaut. Die Produktion betrug zwischen 1937 und 1942 insgesamt 6.861 Fahrzeuge, davon 1.764 »Kübelsitzwagen« für die Wehrmacht.

320 Cabrio-Umbau von Wendler 1948 (Techno Classica). Neu karossierte Autos waren nach dem Krieg durchaus üblich Foto: Kittler

320 Cabrio D mit 78 PS starkem 3,4-Liter, 1937-1942

320 N (W142) Kombinationscoupé, 1937-38

Mercedes-Benz W142 320 Pullman, 1939 – bereits mit von außen zugänglichem Kofferraum

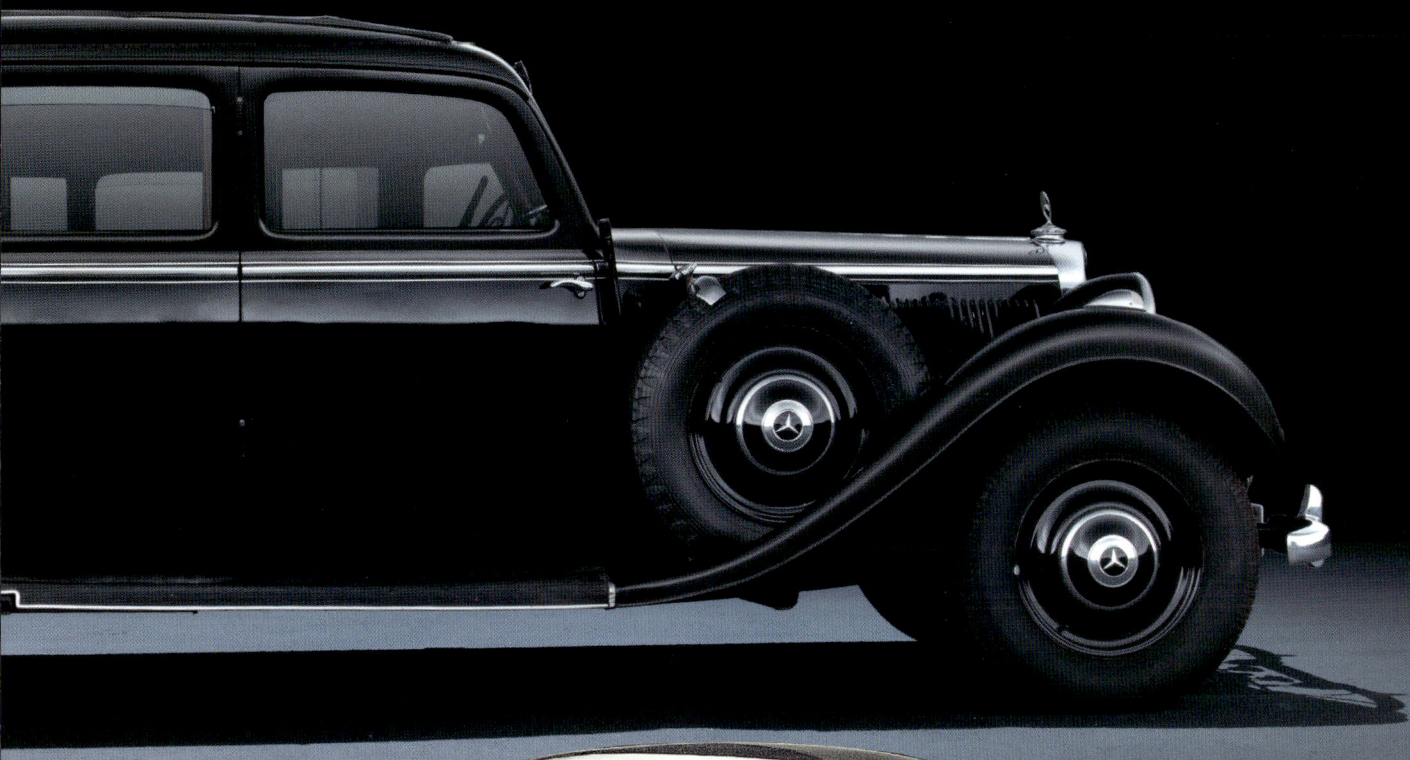

Mercedes-Benz 320 Autobahn-Kurier, 1937. Diese Karosserieform wurde auch für andere Baureihen realisiert

Mercedes-Benz 15/70/100 PS Typ 400 Tourenwagen, 1924-1929

Mercedes-Benz 24/110/160 PS Typ 630 K mit viertürigem Farina-Aufbau von 1928

Speziell präparierte 460er-Pullman-Limousine für Papst Pius XI., Übergabe im Jahr 1930

Mercedes-Benz 460 Nürburg Pullman von 1929. Pullman-Limousine und offene Tourenwagen waren die gefragtesten Modelle in der 460-Ära. Rennsportliche Ambitionen steckten nicht hinter dem Namen »Nürburg«, der Name spielte nur auf die 20.000 Erprobungskilometer auf dem Ring an

DAIMLER-BENZ 1926-1945

Mercedes-Benz 460 Nürnberg Cabriolet C mit Rudolf Caracciola im Jahr 1930

OBER- UND LUXUSKLASSE
TYP 400 UND 630 (W22) 1926-1929

Den Einstieg in die Ober- und Luxusklasse vollzog Daimler-Benz mit Fahrzeugen, die bereits um 1924 – also noch vor der Fusion – ins Programm gekommen waren (vgl. S. 20/21). Als W22-Vertreter fungierten der Typ 400 und der 600, beide mit Kompressor-Sechszylindern, die bis 160 PS erreichten. Mit unterschiedlichsten Aufbauten versehen, kosteten sie bis fast 30.000 Reichsmark. Beide liefen noch bis 1929 weiter, während die Fertigung des kürzeren 6,3-Liter-Typ K ohne große Änderungen erst 1930 endete. Eng verwandt mit ihnen waren die Kompressortypen S, SS und SSK.

Neukonstruktionen in der Luxusklasse waren die von F. Porsche geschaffenen Modelle der Baureihe W08 (Beiname »Nürburg«). 1928/29 erschien als erstes der Nürburg 460 (intern Typ 18/80 PS), 1931 gefolgt vom parallel produzierten 24 cm kompakteren 460K (»Kurz«). Der erste Mercedes mit seinem zunächst 80 PS starken 4,6-L-Achtzylinder wurde auch »Nürburg 8« genannt. Der Motor wies technische Gemeinsamkeiten mit den bisherigen Sechszylindern auf, war aber nicht für eine Leistungssteigerung mittels Aufladung vorgesehen. Die zwei seitlich stehenden Ventile pro Zylinder wurden über Stirnräder von einer seitlichen Nockenwelle angetrieben. Der Motor war betont langhubig, hohe Drehzahlen waren nicht seine Stärke. Bei scharfer Fahrt strömten bis zu 30 Liter pro 100 Kilometer durch den großen Flachstromvergaser.

Das mindestens 5,40 m lange Automobil erschien mit ältlichem Design und simplem Fahrwerk (Hochrahmenchassis, Starrachsen und Halbelliptikfedern). Konservative Kunden der Marke mochten diesen Auftritt. 14.000 Reichsmark kostete die Pullman-Limousine, ein Horch war weit günstiger zu haben, und selbst ein Maybach erforderte nur einen unwesentlich höheren Preisaufschlag als der Nürburg. Mit dem Abgang von Porsche ließ Hans Nibel 1929 den Nürburg gründlichst überarbeiten: Der Hochrahmen wurde durch einen Niederrahmen ersetzt, wodurch das nunmehr etwas niedrigere Fahrzeug eleganter geriet.

Verschiedenste Aufbauten wurden offeriert. Exoten waren zwei zweisitzige Sportroadster von 1929. Zwei Jahre später ging der größere 100-PS-Motor mit Solex-Doppel-Flachstromvergaser für eine spezielle Version des 460 in Serie, wobei der ursprüngliche Typ 460 noch bis 1933 angeboten wurde. Im Dezember 1933 endete die Produktion des Nürburg 460, und im Februar 1934 wurde die 5,0-L-Variante in Typ 500 umbenannt. Erst der Typ 500N (»N« für »normal« oder auch für »Nürburg«) von 1936 schwang sich auf 110 PS auf, behielt aber trotz diverser Optimierungen die hintere Starrachse und sogar die Holzspeichenräder. Im Oktober 1939 endete die Fertigung: Elf Jahre Modelllaufzeit waren auch in der Vorkriegsära eine bemerkenswert lange Zeit. Insgesamt waren 2.893 Typ Nürburg entstanden. Mit der Fertigung des 500N schloss auch die Produktion von Pkw im künftigen Nutzfahrzeugwerk Mannheim.

Mercedes-Benz 19/100 PS Typ 500 Nürburg Cabriolet F von 193

OBER- UND LUXUSKLASSE – S BIS SSKL

TYP S UND SS (W06) 1927-1933

Legendär waren die von Ferdinand Porsche konstruierten Kompressor-Modelle S bis SSKL, die als »Weiße Elefanten« bis Anfang der 30er im Rennsport für Furore sorgten. Der Spitzname spielte auf die traditionelle Rennfarbe Deutschlands an. Begonnen hatte es 1927 mit dem Typ S, der auf dem 160 PS starken Modell 630 K von 1926 basierte. Ausgehend vom Fahrgestell, dessen äußere Abmessungen man übernahm, wurde ein neues Chassis entwickelt – mit tiefer gelegtem Rahmen und Schwerpunkt. Der große Sechszylinder-Reihenmotor wanderte 30 cm nach hinten und ließ sich so noch tiefer einbauen. Selbst der Spitzkühler wurde um eine Kühlerlamellen-Reihe erleichtert, um das Fahrzeug niedriger und strömungsgünstiger zu machen. Gelegentlich wird der Typ S auch als »680 S« bezeichnet, ganz richtig ist die Typenbezeichnung »26/120/180 PS«.

Der Sport-Viersitzer wurde auch an »normale« Kunden ausgeliefert, die dafür stolze 30.000 Reichsmark ausgeben mussten. Bereits im April 1927, kurz bevor das Auto das Eröffnungsrennen des Nürburgrings gewann, gelangte der »Spezial-Sportwagen« offiziell ins Verkaufsprogramm. Ab Oktober wurden auch Fahrgestelle für »fremdgestrickte« Karossen angeboten, wie sie Blechschneider wie Saoutchik, Gläser, Castagna oder Erdmann & Rossi schufen.

1928 kam eine Leistungssteigerung. Mit der Umstellung auf nasse Zylinderlaufbüchsen war genügend Raum gewonnen, um die Bohrung um 2 auf 100 mm zu erhöhen. Daraus resultierte ein Hubraum von 7,1 Liter – mit 140/200 und 160/200 PS. Eine schärfere Nockenwelle bescherte sogar 225 PS. Kompressor und Renn-Nockenwelle wurden auch an Privatkunden verkauft. Der neue Motor war ab Mitte 1928 einsatzbereit und kam zunächst in den Typ S, dann ab 1928 in den auch äußerlich veränderten Typ SS mit 225 PS. Der Typ S lief bis September 1928 in 146 Einheiten, stand aber noch Anfang 1930 in Preisliste.

Während beim Typ S die Rennsportidee dominierte, verstand sich der SS als früher Gran Turismo. Kühler und Karosserielinien ragten so hoch empor wie beim früheren K. Auch der korrekt als Typ 710 SS bezeichnete Wagen wurde in unterschiedlichen Karosserie-Versionen angeboten: Zunächst gab es neben dem Fahrgestell (31.000 Reichsmark) nur den Sport-Viersitzer (35.000 Mark). Ende 1929 ergänzte ein viersitziges Spezial-Cabriolet C für 44.000 Mark das Angebot. Im September 1932 kam ein zweisitziges Spezial-Cabriolet A (42.000 Mark) hinzu, das auch als Roadster mit noch leichterem Verdeck zu haben war. Stets etwas zurückgesetzt war der Beifahrersitz. Der Typ SS entstand ab November 1928 in insgesamt 111 Einheiten, von denen der Löwenanteil mit 101 Einheiten bis Ende 1930 fertig gestellt war. Bis September 1933 folgten weitere zehn Fahrzeuge. In den Preislisten war der SS bis Juli 1935 enthalten.

Typ 720 SS Tourenwagen (Exponat im Technikmuseum Sinsheim) ab 1928, mit 7,1-L-Kompressormotor (200 bzw. 225 PS) Foto: Kittler

Typ S Viersitzer-Tourenwagen von 1927, 1900 kg schwer

Typ SS Cabriolet A beim Internationalen Rennen um den ADAC Bergrekord 1931. Hier der Privatwagen von Caracciola (mit Mütze), links seine Frau Charly, ganz hinten Hans Stuck. Seit Oktober 1927 waren auch nackte Fahrgestelle für Sonderkarosserien im Programm

Mercedes-Benz Typ S 1928 (Concours-Teilnehmer Schloss Bensberg Classics 2012). »S« stand für »Sport« Foto: Staud

680 S Saoutchik von 1928 (Best of Show in Pebble Beach 2012)

Mercedes-Benz SS von 1928 (»SS« für »Super-Sport«)

Typ SSK mit Cabrio-Aufbau als Typ 27/140/200 oder 27/160/200 PS, 1938 bis 1932

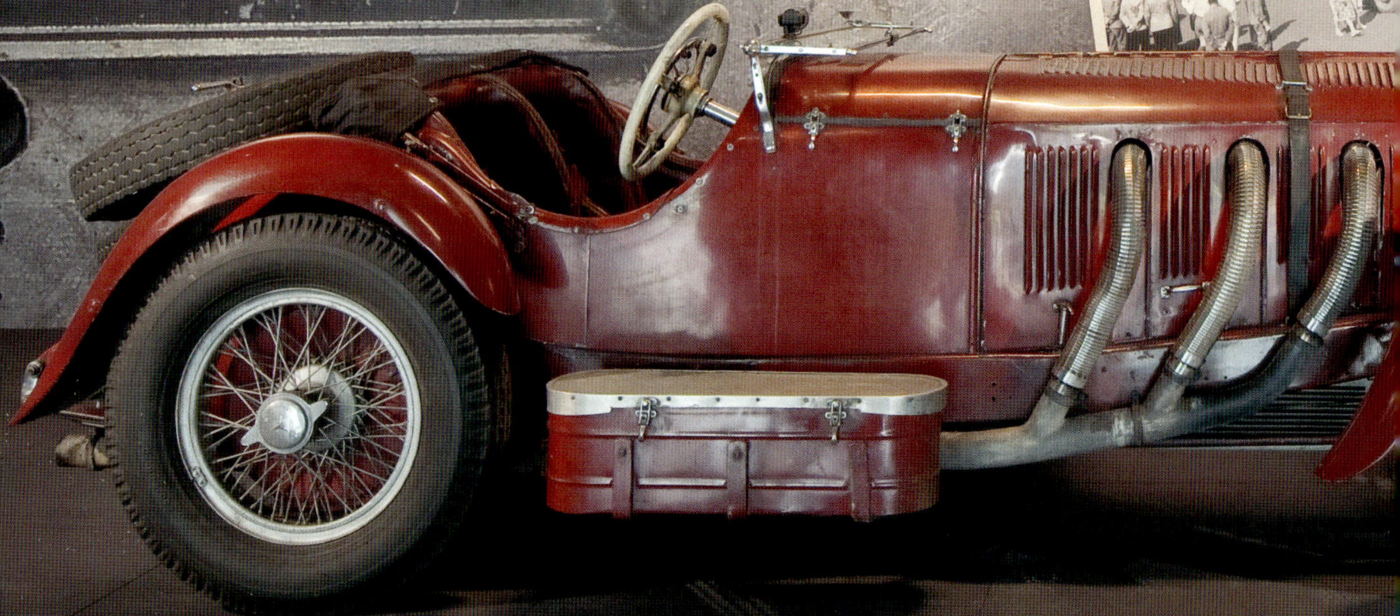

Mercedes-Benz Typ SSK von 1929 (Exponat im Louwman Museum), hier eines der wenigen verbrieften Originale

Typ SSK für Sportwagenrennen, mit Reservereifen, Lampen und Kotflügeln. »SSK« steht für Super-Sport-Kurz

Typ 27/240/300 PS in der W06 RS-Ausführung des SSKL

OBER- UND LUXUSKLASSE – S BIS SSKL

TYP SSK UND SSKL (W06) 1928-1932

Höhepunkt der Kompressor-Baureihe war der SSK, den Porsche 1928 noch auf den Weg gebracht hatte. Mit dem 7,1-L-Motor ausgerüstet, war er vor allem für Bergrennen konzipiert worden. Dank der Reduzierung des Typ-S-Radstands auf 2.950 mm sank das Fahrzeuggewicht um 250 kg. Seiner Herkunft nach hätte der Renner wohl »SK« heißen müssen; andererseits unterstrich der größere Motor die Verwandtschaft zum SS und legte die Bezeichnung SSK nahe.
Der SSK war mit dem 42 mm niedrigeren S-Kühler ausgerüstet. Zusammen mit dem SS ergänzte er ab Oktober 1928 das Verkaufsprogramm, wobei der Sport-Zweisitzer 33.000 Reichsmark kostete. Von 1928 bis 1932 wurden 33 Fahrzeuge verkauft (inklusive der noch aufwändigeren SSKL) – mit 200-, 225- und 250-PS-Motor. Im Gegensatz zum SS blieb der SSK aber nur bis Februar 1933 in der Preisliste.
Einige Käufer ließen das separat lieferbare Fahrgestell (29.000 Reichsmark) mit einem Cabriolet- oder Coupé-Aufbau versehen Obwohl der Kompressor-Bolide als eines der modernsten Hochleistungsautos galt, war seine Bedienung nicht ganz einfach: Bei allen Serienwagen der S-Reihe befand sich das Gaspedal in der Mitte, rechts die Bremse, links die Kupplung. Das riesige Holzlenkrad erforderte kräftige Arme, die mechanisch betätigten Bremsen hatten keine Servounterstützung. Das Vierganggetriebe war selbstredend unsynchronisiert und bei den Sportausführungen relativ kurz übersetzt.

Umstritten ist die Entstehungsgeschichte des 300 PS starken und extraleichten SSKL (»Super-Sport-Kurz-Leicht«). Handelte sich um nachträglich umgebaute SSK oder sind insgesamt bis zu zwölf dieser Exemplare speziell hergestellt worden? Der SSKL war jedenfalls das vierte Modell der S-Reihe und wurde 1929 bis 1931 nur in wenigen Exemplaren gebaut (nie im offiziellen Verkaufsprogramm, aber nach Quellenlage 40.000 Reichsmark teuer). Mit Magnesiumbauteilen und Erleichterungsbohrungen, die sich teilweise über den ganzen Rahmen erstreckten, hatte man das Gewicht um 125 kg reduziert. Insider bezeichnen das Auto als »720 SSKL«. Wobei die Typenbezeichnung SSKL seinerzeit nicht üblich war. In den Kommissionsbüchern sind die für den Werkseinsatz gebauten SSKL-Fahrzeuge als »SSK, Modell 1931« eingetragen, und in den offiziellen Quellen der Jahre 1931/1932 wurde auch die gewichtserleichterte Version »SSK« genannt.

Besonders illustre Kunden waren die Langstrecken-Rekordfliegerin Elly Beinhorn (spätere Ehefrau von Auto-Union-Weltrekordfahrer Bernd Rosemeyer), Wissenschaftler Manfred von Ardenne, die Rennfahrer Hans Stuck, Earl Howe und Sir Malcolm Campbell, Milliardär H.S. Vanderbilt, die Hollywood-Stars Lilian Harvey und Al Jolson sowie der Sultan von Jahore. Allein ein Sechstel aller S bis SSKL ging nach Großbritannien. Heute sind alle noch überlebenden Exemplare jener seltenen Gattung der »Weißen Elefanten«, von denen insgesamt knapp 300 entstanden sind, in festen Liebhaberhänden oder stehen in Museen.

So ging der SSKL in den Renneinsatz, ließ sich aber gleichermaßen von sportlich ambitionierten Kunden ganz zivil einsetze

DAIMLER-BENZ 1926-1945

OBER- UND LUXUSKLASSE
TYP 770 »GROSSER MERCEDES« (W07) 1930-1938
TYP 770 »GROSSER MERCEDES« (W150) 1938-1943

Angeboten wurde der »Typ Großer Mercedes« (»Super Mercedes Straight Eight«) ab September 1930 mit und ohne Aufladung. Die Kompressor-Versionen hatten Auspuffrohre vorn rechts – so wie bei den S- und SSK-Typen und später beim 500K/540K. Ohne Kompressor leistete der 7,7-L-Achtzylinder 150 PS. 200 PS waren es, wenn in Vollgasstellung der Roots-Luftverdichter zugeschaltet wurde.

Nur 13 der insgesamt 117 Kunden verzichteten auf den »Flüster-Kompressor«, 1936 fiel diese Variante aus dem Programm. Die Preisersparnis betrug nur 3.000 Reichsmark (RM) bei einem Gesamtpreis von 41.000 RM für die Pullman-Limousine. Der konkurrierende Maybach-Zwölfzylinder war übrigens deutlich preisgünstiger. Hergestellt wurden die Autos in Untertürkheim, wobei die Limousinen-Aufbauten aus Sindelfingen dazukamen.

Das konservative Design des 5,60 m langen Wagens – mit Trittbrettern, Ersatzrädern links/rechts und aufgesetztem Kofferraum – wandelte sich im Laufe der Produktionszeit. Es folgten fließender geformte Karosserien mit schräger stehenden Frontscheiben. Optisches Markenzeichen blieb der keilförmige Kühler mit dem mittigen Knick. Laufruhe, Komfort und Qualität dieses Autos hat die weltweite Akzeptanz der Marke wesentlich befördert.

Der Große Mercedes blieb von 1930 bis 1938 im Programm. Ab Werk gab es das Auto als Pullman-Limousine, ab September 1932 auch als sechssitziger Tourenwagen (42.000 RM), als Cabriolet C mit zwei Fenstern (44.500 RM). Einheitlich 47.500 Reichsmark kosteten das Cabriolet B mit vier Fenstern, das Cabriolet D mit vier Türen und das Cabriolet F mit vier Türen und sechs Sitzplätzen. Alle Aufbauten zusätzlich zum Pullman gab es ausschließlich mit Kompressor.

Exklusiv lieferte das Werk Mannheim bis 1936 in reiner Handarbeit gebaute Kundenwunsch-Autos, allein 42 im Jahr 1931. In der Folgezeit entstanden jährlich zwischen vier und 13 Einheiten. Häufigste Variante war die Pullman-Limousine (42 Stück), gefolgt vom offenen Tourenwagen (26 Exemplare). Immerhin 19 Große Mercedes wurden als Fahrgestell (32.500 RM) ausgeliefert, 18 als Cabriolet D. Die übrigen Fahrzeuge verteilen sich auf die Cabriolet-Varianten C, B und F. Sogar gepanzerte Wagen entstanden, einer fürs japanische Kaiserhaus, wo zwischen 1935 und 1935 insgesamt sechs 770er erworben wurden.

Der letzte W07 wurde im Oktober 1938 fertiggestellt. Parallel dazu begann die Serienproduktion des im Februar 1938 präsentierten Nachfolges, der die gleiche Typenbezeichnung trug und werksintern W150 hieß. Einige davon waren von hochrangigen Nazis als Spezialausführungen geordert worden. Die letzte Ausführung war bis zu 400 PS stark und hatte bereits ein teilsynchronisiertes Fünfganggetriebe.

Moderner gezeichneter 155/230 PS Typ 770 Pullman-Limousine (W150), 1938-1943

Mercedes-Benz 155/230 PS Typ 770 Cabriolet B für den iranischen Kronprinzen, 1940

Mercedes-Benz Typ 770 Cabriolet F (Baureihe W07) in modernisiertem Design mit integriertem Kofferraum, 1936

Ein 1952 von Karosa in Vysoke Myto / CSSR umkarossierter Großer Mercedes von 1939 (Exponat Technikmuseum Prag)
Foto: Dünnebier

Schätze des Werksmuseums: gepanzerter Typ 770 Cabrio F von 1935 fürs japanische Kaiserhaus (links) und Limousine des deutschen Kaisers Wilhelm II.

Mercedes-Benz 540K mit Erdmann & Rossi-Aufbau im Art Deco-Stil, ein Nachbau des 1936er Originals (Exponat im Technikmuseum Speyer)
Foto: Kittler

Gepanzerte 540K Limousine von 1943 aus der nachgeschobenen 200-Stück-Serie für die Reichskanzlei

Mercedes-Benz 540K 540 K Cabriolet B von 1938

DAIMLER-BENZ 1926-1945

Typ 540K Coupé (nur zwölfmal hergestellt), 1939

Der 170 km/h schnelle Mercedes-Benz Typ 540K Autobahnkurier von 1936 (Münchner Neue Pinakothek) Foto: Kittler

Mercedes-Benz 540 Tourenwagen lang, 1936

OBER- UND LUXUSKLASSE

TYP 500K (W29) 1934-1936
UND TYP 540K (W29) 1936-1939 / 1943

Im Februar 1934 löste der »Typ 500 mit Kompressor« (Reihe W29, später Typ 500K genannt) den Typ 380 ab. Der neue Oberklässler verfügte über einen vom M22 zum M24 weiterentwickelten Reihenachtzylinder, nun mit 5,0 Liter Hubraum und 100 PS (bei Kompressor-Einsatz 160 PS). Bohrung und Hub waren um je 8 mm vergrößert worden, was eine neue Kurbelwelle erforderte.
Der Neue war auf der Berliner Automobilausstellung zunächst nur als Unikat (»Autobahn-Kurierwagen«) präsentiert worden – als »Einzelspezialausführung für besonders hohe Geschwindigkeit«. Ab Juni 1934 gelangte dann der Typ 500K mit gleich sieben Varianten in die Preisliste. Außer dem Fahrgestell waren eine viertürige Limousine (»Innenlenker« genannt), ein zweisitziger Roadster mit zwei Notsitzen, die Cabriolets A, B und C sowie ein Tourenwagen lieferbar. Der Preis für sämtliche Varianten betrug 22.000 RM; das Fahrgestell kostete 15.500 RM. Für etwas Verwirrung sorgte nur die Tatsache, dass neben dem »Typ 500 mit Kompressor« (500K) der 500 Nürburg mit seinem völlig anderen Achtzylinder weiterlief. Zur Unterscheidung der beiden 5,0-Liter-Modelle wurden anschließend die Bezeichnungen 500K und 500N eingeführt, wobei »N« als Abkürzung für »Nürburg« oder »Normal« (also ohne Kompressor) galt.

Ende April 1936 wuchs der Hubraum des Motors auf 5,4 Liter, und die Leistung erhöhte sich auf 115/180 PS. Bis zum Februar 1939 blieb man beim Schnellgang-Getriebe mit halbautomatischer Schaltung. Erst danach erhielten sowohl der 540K als auch der Große Mercedes ein Fünfganggetriebe, das die Drehzahl im fünften Gang gegenüber dem vierten um 20 % reduzierte.

Das Chassis von 500K und 540K hatte einen Radstand von 3.290 mm und wurde (ähnlich wie beim Typ 380) in zwei Versionen geliefert: Als Sonderausführung waren auch Fahrgestelle mit dem kürzeren Radstand von 2.980 mm verfügbar, die als Roadster oder Cabriolet A karossiert werden konnten. Im Februar 1935 wurde die viertürige Limousine durch eine zweitürige Variante ersetzt. 1935 entfielen der Roadster und der Autobahn-Kurier. Ein Jahr später ereilte dieses Schicksal auch das Cabriolet C, anschließend verschwanden gleichermaßen die übrigen 2/3-sitzigen Karosserievarianten und der offene Tourenwagen.
Von den beiden Modellen des W29 wurden im Werk Untertürkheim zwischen Februar 1934 und November 1939 insgesamt 761 Fahrgestelle produziert, davon 342 mit 5,0 Liter und 419 mit 5,4 Liter Hubraum. 70 Fahrgestelle wurden zur Aufbauherstellung an andere Karossiers geliefert, die übrigen 691 Exemplare erhielten ihre Aufbauten im Sonderwagenbau des Werks Sindelfingen. Am beliebtesten war das Cabriolet B mit 296 Einheiten, gefolgt von Cabriolet C mit 122 und Cabriolet A mit 116 Stück. Selbst der auf der nächsten Seite vorgestellte Spezial-Roadster brachte es auf eine Gesamtstückzahl von maximal 50 Einheiten, während die verschiedenen Coupé-Varianten nur zwölf, der Autobahn-Kurier sogar nur sechs Stück erreichte. 53 Limousinen und 28 offene Tourenwagen komplettieren die Bilanz.

OBER- UND LUXUSKLASSE
TYP 500K UND 540K SPORTVERSIONEN (W29) 1934-1939

Das ursprüngliche Karosserie-Angebot für den 500K wurde im Herbst 1934 um einen Spezial-Roadster ergänzt, der gegenüber den anderen Varianten einen Mehrpreis von 4.000 RM kostete. Im Oktober 1935 erschien in Paris eine neue, noch überzeugendere Ausführung des Spezial-Roadsters, die mit 28.000 RM die teuerste Variante des W29 darstellte. Nur Roadster, Spezial-Roadster, Cabriolet A und Autobahn-Kurier waren auf einem veränderten Fahrgestell (Kühler, Motor-Getriebe-Einheit, Lenkgetriebe und Sitze gut 10 cm nach hinten versetzt) aufgebaut. Anfang 1938 wurde anlässlich der Berliner IAMA eine modifizierte Variante des Spezial-Roadsters präsentiert, die auf dem regulären Fahrgestell basierte (mit abweichender Gestaltung von Vorderkotflügeln und Heckpartie). Für den Spezial-Roadster (cW-Wert 0,57) galt die gleiche Höchstgeschwindigkeit von 140 bis 150 km/h wie für die anderen Sportversionen.

Auch wenn die Kataloge und Preislisten aus jener Zeit den Eindruck der Serienproduktion erwecken, so entstanden diese Fahrzeuge in einer manufakturartigen Fertigung streng an den einzelnen Wünschen und Vorgaben des Kunden orientiert. Der Sindelfinger Sonderwagenbau unter Kurt Ahrens erreichte mit den Karosserien für die Achtzylinder-Sportwagen ein kaum zu überbietendes Niveau in Schönheit und Qualität.
Unabhängig von den offiziell beworbenen Varianten wurden in Sindelfingen weitere, vom üblichen Standard abweichende Karosserien realisiert. Ein bekanntes Beispiel war das von Rudolf Caracciola gefahrene 500K Coupé von 1935, das seinerzeit als Spezial-Roadster, Spezial-Coupé oder Sport-Limousine bezeichnet wurde. Es entspricht einer geschlossenen Version des Spezial-Roadsters in seiner ersten Ausführung von 1934.

Zudem schuf Mercedes-Benz in der Abteilung »Sonderwagenbau« im Werk Sindelfingen Autos mit strömungsgünstiger Karosserie – angefangen mit dem »Autobahn-Kurier«. Höhepunkt der Bestrebungen um größte Windschlüpfigkeit war der 540K Stromlinienwagen von 1938 (cW-Wert 0,36), Das im Windkanal optimierte Fahrzeug erreichte eine Dauergeschwindigkeit von 165 bis 170 km/h, bei Kompressor-Unterstützung (180 PS) waren maximal 185 km/h möglich.

Anders als alle anderen W29-Modelle war er so modelliert, dass die Luft perfekt strömte und dem Wind den geringsten Widerstand entgegensetzte. Die Scheinwerfer waren integriert, die Frontpartie völlig neu modelliert. Der Unterboden war vollständig abgedeckt, zudem wurde die Übersetzung der Antriebsachse verlängert. Das Fahrzeug ging so als Unikat an die Deutsche Dunlop Gummi Comp. AG in Hanau, wo es für Reifen-Hochgeschwindigkeitsversuche eingesetzt wurde. Nach dem Zweiten Weltkrieg landete das malträtierte Auto im Mercedes-Benz-Fundus und wurde zerlegt. Erst in den 2000er Jahren erfolgte ein Wiederaufbau.

Mercedes-Benz 540K Stromlinienwagen 1938 (Wiederaufbau)

Mercedes-Benz 500K Spezial-Roadster von 1936 mit zurückgesetztem Motor

Mercedes-Benz 540K Spezial-Roadster von 1937, mit versenkten Ersatzrädern

Mercedes-Benz 540K Spezial-Coupé von 1939

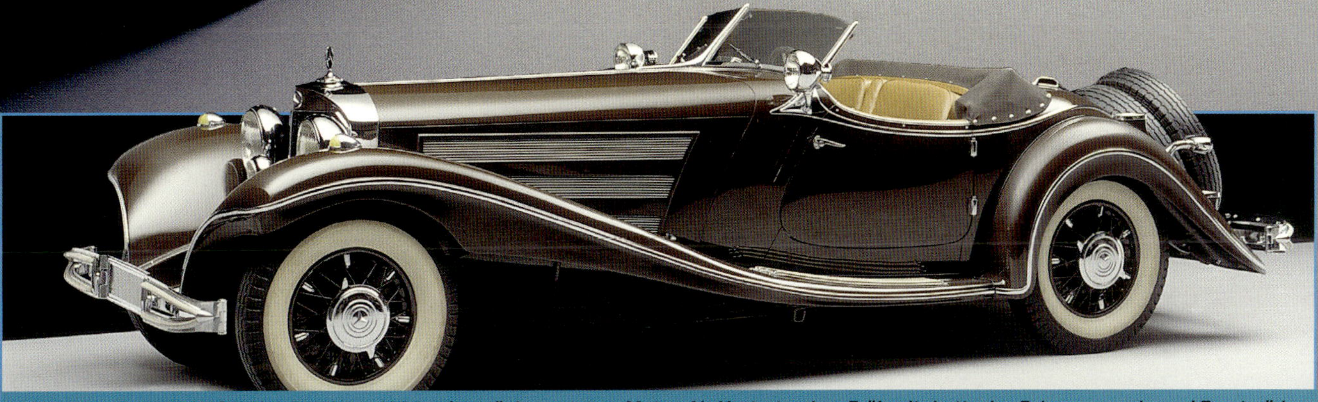

Mercedes-Benz 500K Spezial-Roadster 1934, mit zurückgesetztem Motor. Als Vertreter der »Frühzeit« hatte das Fahrzeug noch zwei Ersatzräder außen, die nicht in die Karosserie integriert waren

Mercedes-Benz G1 von 1926 im harten Geländeeinsatz

Mercedes-Benz G4 (100 PS) im Gelände

Mercedes-Benz G4 (115-PS-Ausführung) vor der Auslieferung)

DAIMLER-BENZ 1926-1945

Mercedes-Benz G4 als Gepäckwagen mit 110 PS (Exponat auf Techno Classica) Foto: Kittler

GELÄNDEWAGEN
TYP G1 (W103) 1926-1928
TYP G4 (W31) 1934-1939

Bereits 1926 schrieb die Reichswehr einen Geländewagen zum Truppentransport aus – daraus wurde der Mercedes-Benz G1 (Baureihe W103). Die gleiche Ausschreibung veranlasste auch Horch und Selve zur Entwicklung ähnlicher Autos. Der Stuttgarter »Offroader« erhielt aus Traktionsgründen drei Starrachsen. Im hinteren Fahrzeugteil war Platz für bis zu sechs Personen. Sein seitengesteuerter Sechszylinder-Reihenmotor (50 PS) erlaubte 60 km/h auf der Straße. Nur fünf Prototypen im Jahr 1926 und je ein weiterer in den beiden Folgejahren entstanden. Die Reichswehr entschied sich schließlich für einen Horch aus Zwickau. Doch die schweren Dreiachser nahmen vieles von dem vorweg, was 1934 im G4 wiederauflebte.

1934 wurden die ersten Exemplare des 3,5 Tonnen schwere Mercedes-Benz G4 (Baureihe W31) der Reichswehr vorgeführt. Sie waren als Kommandeurwagen für höhere Dienstgrade der Nachhut gedacht. Zeitgenössische Berichterstatter verglichen das riesige, repräsentative Gefährt gern mit dem Großen Mercedes Typ 770. Elf dieser teuren Fahrzeuge wurden schließlich von der Armee übernommen, von der verbesserten Nachfolge-Version gingen immerhin 16 an Heer und Luftwaffe.

Der Aufbau saß auf einem Kastenprofil-Rahmen mit blattgefederten Starrachsen. Wegen der großen, spezialbereiften Räder, des Verteilergetriebes für den Allradantrieb unter dem Wagenboden und der höheren Bodenfreiheit wirkte der G4 sehr hochbeinig. Den Antrieb besorgte zunächst ein 5,0, später 5,2 und schließlich ein 5,4 Liter großer Achtzylinder-Reihenmotor (100 bis 115 PS). Die Kraft ging über ein teilsynchronisiertes Viergang-Schaltgetriebe von ZF zu den vier Hinterrädern.

Bei Einsätzen abseits befestigter Straßen griff der Fahrer zu einem zweiten Schalthebel in Wagenmitte: Damit wurde die Vorderachse zugeschaltet und über ein Vorgelege zugunsten besserer Traktion die Antriebsgeschwindigkeit um zwei Drittel reduziert. Bei der Fahrt in schwierigem Gelände halfen zudem die selbstsperrenden Differenziale. Auch die sogenannte Verschränkung, also die Fähigkeit des Autos, die Achsen bei schwierigem Untergrund so zu verdrehen, dass noch genug Traktion zur Verfügung steht, war nicht übel, wie historische Fotos zeigen.

Von der letzten, 110 PS starken Version des G4 entstanden nochmals 30 Einheiten, die größtenteils als offene Tourenwagen, aber auch als Limousinen ausgeliefert wurden. Überliefert sind Einsätze als Gepäck- und Funkwagen, manche Autos waren auch als waffenstarrende Begleitfahrzeuge ausgestattet. Einige von ihnen kamen als gepanzerte Spezialversionen mit schusssicheren Reifen und extradicken Scheiben. Und einige wenige Autos gingen auch ins Ausland – als sehr spezielle Geschenke an Unterstützer der deutschen Machthaber. Darunter war ein Tourenwagen, der 1939 an den spanischen General Franco geliefert wurde – und dieses Auto überlebte, genau wie lediglich drei andere G4 von insgesamt 57 Stück.

Mercedes-Benz G4 mit 100-PS-Motor und Zwillings-Hinterachse

DAIMLER-BENZ 1926-1945

GELÄNDEWAGEN
TYP G5 (W152) 1937-1941,
TYP 260 (W11 III) 1930-1935
TYP 170 V-L (W139) UND
170 VK (W126K) 1936-1942

Unterhalb des gewaltigen G4 wurden weitere Fahrzeuge mit Allradtechnik oder zumindest mit guter Geländetauglichkeit hergestellt. Der Mercedes-Benz G5 (W152) wurde bereits ab Mitte der 30er-Jahre für die deutsche Wehrmacht entwickelt. Sein »Schwestermodell« war der sehr ähnliche BMW 325 4x4 – und beide kamen später in den Kriegseinsatz. Besonderheit des G5 war die Einzelradaufhängung aller vier Räder, deren permanenter Allradantrieb und die mechanische Allradlenkung: Die hintere Achse ließ sich gegenläufig so drehen, dass der Wendekreisdurchmesser von normalerweise 6,0 auf 3,5 Meter reduziert wurde. Als weitere Innovationen kamen die drei Differenzialsperren hinzu, die dafür sorgen sollten, dass solche Autos nicht im Schlamm stecken blieben.

Für den G5 (Baureihe W152) wurden nur Vierzylindermotoren eingesetzt. Das populärste war ein 2,0-Liter-Triebwerk mit 45 bis 50 PS. Das nur vier Meter lange Fahrzeug verfügte über eine Bodenfreiheit von 25 cm. Hydraulikbremsen sorgten für ein vernünftiges Verzögern des 85 km/h schnellen, 1.880 kg schweren Autos. Türen und Faltdach des Fahrzeugs ließen sich selbstverständlich demontieren. Trittbretter gab es übrigens nie. Zwischen 1937 und 1941 wurden insgesamt 180 dieser innovativen Geländewagen fertiggestellt, einige auch mit speziellen Karosserieaufbauten.

Noch eher, bereits Ende der 20er/Anfang-Mitte der 30er-Jahre, baute Daimler-Benz auf Basis des Typ 260 Stuttgart zirka 1.500 Exemplare eines Kübelsitzwagens (W11 III). Das Chassis bestand aus U-Profilen, die Radaufhängung erfolgte an Starrachsen mit Halbfedern. Den Antrieb besorgte ein 2,6 Liter großer Sechszylinder-Reihenmotor mit 50 PS. Bis 1935 entstanden 1.507 dieser mit Viergangetriebe, aber nicht Allrad-getriebenen Wagen.

Dazu gesellten sich zwei Varianten des Mercedes-Benz 170V, die nicht in der Preisliste standen. Es handelte sich um für die für Polizei und Wehrmacht bestimmte Kübelsitzwagen. Die zwischen Sommer 1936 und Sommer 1938 gebaute Polizei-Ausführung hatte Trittbretter wie das reguläre Pkw-Modell und wirkte weniger martialisch als die Wehrmacht-Ausführung, die ab November 1938 in drei Aufbau-Versionen produziert wurde. Diese drei Varianten hießen im Wehrmacht-Jargon »Kfz 1« (Kübelsitzwagen mit vier Sitzen und vier Türen), »Kfz 2« (Kübelsitzwagen als Funkwagen mit drei Sitzen und drei Türen) und »Kfz 3« (Kübelsitzwagen mit hinterem Einsatzkasten mit vier Sitzen und vier Türen). Es spricht für die grundsolide Konstruktion des 170V, dass der für hohe Belastbarkeit ausgelegte Wehrmacht-Kübelwagen in technischer Hinsicht mit dem regulären Serienmodell weitgehend identisch war. So brachte der 1,7-Liter-sv-Motor 38 PS. Lediglich die elektrische Anlage hatte man geändert und auf 12 V umgestellt. Der Wehrmacht-Kübelwagen wurde bis September 1942 in einer Gesamtstückzahl von 19.075 Einheiten gebaut.

Mercedes-Benz G5 auf Erprobungsfahrt

Mercedes-Benz G5 mit festen Türen

Mercedes-Benz 170 V-L (Baureihe W139) mit Allradantrieb und Vierradlenkung

Mercedes-Benz 260 Kübelsitzwagen

Mercedes-Benz 170 V-L Kübelsitzwagen (Baureihe W139) mit Allradantrieb und Vierradlenkung, 1936

Mercedes-Benz 170 VK Nachrichten-Kübelsitzwagen (Baureihe W126K) mit Hinterradantrieb von 1940

Uhlenhaut sagte über den 1,5-Liter-Motor des W165, es sei wohl der beste Rennwagenmotor, der je gebaut wurde.

Sieger Hermann Lang auf der Avus mit einem verkleideten W25, 1937

Mercedes-Benz-Grand-Prix-Rennwagen W125 und W25, hier 2011 in Berlin

DAIMLER-BENZ 1926-1945

Mercedes-Benz 170V Gelände-Wettbewerbswagen mit 55 PS (W130), 1934-1936

Mercedes-Benz W154, 1938/1939 (3,0-Liter-Formel)

Mercedes-Benz W125 von 1937 (750-kg-Formel)

MOTORSPORT

W25 BIS W165 – DIE RENNWAGEN 1934-1939

Nach dem Ersten Weltkrieg war es für Benz, die DMG und dann für Daimler-Benz sehr schwer, im Rennsport wieder zu punkten – hatten doch vor allem italienische und französische Fabrikate deutlich aufgeholt. Eine Ausnahme bildeten die Großen Preise von Deutschland 1931-1931, wo die Stuttgarter erfolgreich glänzten. Gerade die Kompressor-Typen S, SS, SSK und SSKL dominierten bei Sportwagenrennen und formelfreien Wettbewerben.

Für ganz andere Zwecke, nämlich vor allem für Querfeldeinfahrten und andere Motorsportwettbewerbe wie die Langstreckenprüfung »2000 km durch Deutschland« 1934/35, stellte Daimler-Benz kleinere Zweisitzer auf Basis bestehender Baureihen her – vor allem basierend auf dem erfolgreichen Mittelklässler 170V. Von der Popularität des Grand-Prix-Sports waren diese Wettbewerbe natürlich weit entfernt.

1934 war Daimler-Benz in den GP-Sport zurückgekehrt, nicht zuletzt dank der Förderung durch die Nazis. Dabei setzte die Entwicklung des W25-Monopostos (3,4 bis 4,8 Liter Hubraum) und seiner Nachfolger W125 (5,7 Liter) in der damaligen 750 kg-Formel (1934-1937) sowie des für die 1938/1939 geltende 3,0-L-Formel entwickelten W154 mit V12-Motor (3,0 Liter) Maßstäbe.
Das betraf vor allem Motorleistung, Fahrwerkstechnik und den traditionell betriebenen Leichtbau. Schon bald beherrschten die Silberpfeile die Szene. Statt in der deutschen Rennfarbe Weiß starteten die Rennwagen nun mit metallisch glänzenden Karosserien. Davon abgeleitet gab es auch verkleidete Stromlinien-Fahrzeuge sowie nochmals weiterentwickelte Rekordwagen.

Stärkster Widersacher waren die Konkurrenten der sächsischen Auto Union mit ihren V16-Geschossen. 1935, 1937 und 1938 wurde Rudolf Caracciola auf Mercedes GP-Europameister. Dieses damals wichtigste Championat hatte einen Stellenwert, wie später die Formel-1-Weltmeisterschaft.

1939 gesellten sich die Achtzylinder-Formelrennwagen W165 der neuen 1,5-Liter-Klasse hinzu. Sie wurden speziell für den Großen Preis von Tripolis 1939 für die Voiturette-Kategorie gebaut. Die Veranstalter hatten – mit deutlicher Hinterlist – das Rennen auf dem Autodromo della Mellaha im Vorfeld für diese Hubraumschwächere Kategorie ausgeschrieben. Denn die »einheimische« Konkurrenz von Maserati und Alfa Romeo hatte entsprechende Fahrzeuge in dieser Klasse bereits fertig entwickelt.
Der große W154 durfte hier nicht antreten. Aber der völlig neu konstruierte Wagen bescherte den Deutschen bei diesem Rennen in Nordafrika einen Doppelsieg mit Hermann Lang vor seinem Teamkollegen Rudolf Caracciola. Weitere Einsätze des W165 verhinderte der Krieg. Danach hätte er sicher in der Formel 1 starten können, aber die Stuttgarter verzichteten zunächst auf den Wiedereinstieg in den Motorsport (vgl. S. 84).

DAIMLER-BENZ 1926-1945

MOTORSPORT
W25 BIS W154 – DIE REKORDWAGEN
1934-1939

In den 1930ern dominierten Daimler-Benz AG und die Auto Union mit ihren legendären Silberpfeilen den europäischen Motorsport. Dabei stellte sie auch Geschwindigkeitsrekorde auf – wobei weit über 400 km/h erreicht wurden. Ab 1934 bauten die Stuttgarter spezielle Rekordfahrzeuge mit stromlinienförmig gestalteten Aufbauten, um immer neue Rekordmarken zu setzen. Über 300 km/h wurden erreicht. 1936 wurde dann der Grand-Prix-Wagen W25 für Geradeausläufe modifiziert und mit einer Stromlinienkarosserie ausgestattet. Diese und alle folgenden Wagen markierten seinerzeit die Weltspitze. Schließlich galt Deutschland völlig zu Recht als Vorreiter in puncto Aerodynamik und hatte mit Technikern wie Paul Jaray, Wunibald Kamm und Freiherr von König-Fachsenfeld, Edmund Rumpler und Karl Schlör einige der besten Spezialisten aufzubieten.

Stromlinienwagen W25. Er erreichte am 11. November 1936 zwischen Frankfurt und Darmstadt imposante 372,1 km/h

Im Januar 1938 schließlich wurde von Rudolf Caracciola dank eines Mercedes-Benz DAB V12-Flugmotors der noch bis heute gültige Geschwindigkeitsrekord für den Fliegenden Kilometer aufgestellt: Auf der Autobahn zwischen Frankfurt am Main und Darmstadt erreichte er 432,692 km/h über einen Kilometer; zudem wurde mit 432,36 km/h der bestehende Rekord über die Fliegende Meile eingestellt. Basis war der vollverkleidete W125 (cW = 0,157) mit speziellem, 5,6 Liter großen und 736 PS starkem V12-Doppelkompressor-Motor. Unmittelbar nach dieser Rekordfahrt ging die Auto Union auf Revanche-Fahrt, in deren Verlauf Pilot Bernd Rosemeyer ums Leben kam. Ein Jahr später wurden die Rekordfahrten auf Basis des W154 in zwei Varianten mit freistehenden und voll verkleideten Rädern weitergeführt.

Daimler-Benz hatte indes noch größere Ziele und plante, mit einem neuen Rekordwagen namens T80 quasi Rekorde für die Ewigkeit zu markieren. Ideengeber war Hans Stuck, der bereits 1936 angeregt hatte, den in den USA erzielten Tempoweltrekord von damals 484,598 km/h zu überbieten. Konstruiert wurde das Fahrzeug von Ferdinand Porsche. Der T80 war als kompromissloses Rekordfahrzeug konstruiert, mit drei Achsen und stromlinienförmiger Aluminiumkarosserie (8,24 m Länge). Der V12-Flugmotor DB 603 von Daimler-Benz sollte mit Rennbenzin betrieben 3.500 PS leisten. Als Zielvorstellung galten unglaubliche 650 km/h. Durch den Ausbruch des Zweiten Weltkriegs und in Ermangelung einer geeigneten Strecke für die unvorstellbare Spitzengeschwindigkeit in Deutschland – Rekordfahrten fanden bereits damals überwiegend auf den Salzseen in den USA statt – wurde der T80 nie eingesetzt. Es blieb bei restaurierten Fragmenten des Unikats, die heute im Museum ausgestellt sind.

W25 Rennlimousine W25 mit 398 PS von 1934

Mercedes-Benz W154 Rekordwagen von 1939

Mit dem T80, der mit einem 3.500-PS-Motor ausgestattet werden sollte, hätten wohl 650 km/h erreicht werden können

Der legendäre W125-Streamliner mit V12-Motor, mit dem Caracciola am 28. Januar 1938 den Weltrekord knackte

DAIMLER-BENZ

1945 - 1960

Kriegsschäden und besatzungsrechtliche Restriktionen erlaubten nach dem Zweiten Weltkrieg nur eine recht bescheidene Automobilproduktion. Ab 1951 kehrte Daimler-Benz sukzessive zu gewohnter Größe zurück – mit großen Limousinen, noblen Sportwagen und mit Modellen in Mittelklasse und Oberer Mittelklasse. Ein noch weiter ausuferndes Programm war noch kein Thema.

Mercedes-Benz 170 Pritschenwagen, 1946-1949

Mercedes-Benz Typ 170b, 1953

DAIMLER-BENZ 1945-1960

Mercedes-Benz 170V Sankra von 1946

Mercedes-Benz 170V Limousinen von 1947

Mercedes-Benz 170Va mit Schiebedach, 1951/52

MITTELKLASSE

TYP 170V (W136 I) 1947-1953

1947 begann ein zaghafter automobiler Wiederbeginn mit zunächst einem einzigen Vorkriegsmodell – dem 170V, weiterhin zugehörig zur Baureihe W136. Aber schon 1949 gesellte sich der 170S hinzu, der einen ersten Schritt in Richtung Premium markierte. Die technische Basis dieser und der folgenden Modelle stammte aber noch aus der Zeit vor 1945 – einschließlich des Dieselantriebs, der nun mit nur 1,7 Liter Hubraum zum Einsatz kam.

Direkt nach Kriegsende entstanden zunächst nur Lieferwagen, die in der Ära des Wiederaufbaus dringend benötigt wurden. Im Mai 1946 wurde der erste Pritschenwagen, einen Monat später der erste Kasten-Lieferwagen fertiggestellt. In den Monaten September/Oktober ergänzten dann ein Krankenwagen, der auf dem Kastenwagen basierte, und ein Polizei-Streifenwagen (Basis: Pritschenwagen), die Modellpalette. Die Aufbauten dieser ersten Modellvarianten waren den schwierigen Produktionsbedingungen entsprechend noch recht simpel.

Im Juli 1947 lief schließlich auch die Fertigung der viertürigen Limousine an. Sie war auf Ganzstahl-Bauweise umgestellt worden (vorher holzverstärkte Karosserie), was eine Reduzierung der Modellvielfalt der Vorkriegszeit mit sich brachte. Die äußeren Abmessungen bleiben die gleichen. Mit Produktionsaufnahme der Limousine wurden auch verschiedene Ausführungen des Lieferwagens mit einem modifizierten Fahrerhaus ausgeliefert. Im Anschluss wurden Sondervarianten wie der Krankenwagen entsprechend angepasst, teilweise erfolgten die Neuaufbauten außerhalb.
Wie in der Vorkriegszeit üblich, verfügte der 170er über vordere Querfedern und eine hintere Doppelgelenk-Pendelachse mit Schraubenfedern. Zunächst im Wesentlichen unverändert geblieben war auch der sv-Vergasermotor mit 38 PS. Mitte 1949 wurde die Baureihe mit einer Dieselversion und dem höher positionierten, aber äußerlich nahezu unveränderten 170S ergänzt.
Zu einer ersten großen Modellpflege kam es im Mai 1950: mit dem auf 1,8 Liter Hubraum vergrößerten 45-PS-Motor, einem überarbeiteten Fahrwerk (Teleskop-Stoßdämpfer, Verbreiterung hintere Spurweite, stärkere Bremsen). Sitze und Innenbreite des Fahrgastraums hatte man vergrößert, der Kofferraum war nun von außen zugänglich, und vor Zugluft schützten Lüftungsblenden an den Vorderfenstern. Zur Unterscheidung von den ursprünglichen Modellen wurden die verbesserten Varianten intern 170Va und 170Da genannt.

Im Mai 1952 wurden beide Modelle erneut überarbeitet: Die Typen 170Vb und 170Db verfügten über eine nochmals verbreiterte Hinterachs-Spurweite, breitere, nun einteilig ausgeführte Stoßfänger, eine vergrößerte Frontscheibe mit innen verkleidetem Scheibenwischer-Antrieb sowie waagerecht statt bisher schräg angeordnete Lüftungsschlitze in der Motorhaube. Gebaut wurden beide Modelle bis August 1953. Als Nachfolger fungierten die Typen 170S-V und 170S-D. Von den 170er-Limousinen mit Otto-Motor entstanden 47.082 Stück.

MITTELKLASSE
TYP 170D (W136 I D) 1949-1953

Der ab 1949 angebotene 170D war der erste Diesel-Pkw weltweit. Er entsprach im Wesentlichen dem 170V. Er verfügte aber über einen ebenfalls 38 PS starken 1,7-Liter-Diesel, der aus dem bewährten Aggregat des 170V weiterentwickelt worden war (»Verdieselung«). Wichtigstes Merkmal des 170D war der im Vergleich zu seinem benzingetriebenen Pendant deutlich geringere Kraftstoffverbrauch bei fast gleichen Fahrleistungen. Langlebigkeit und Wirtschaftlichkeit wurden so zum Synonym für den Mercedes-Benz Diesel-Pkw. Besonders begehrt war der 170D in seinen ersten Produktionsjahren auch, weil die Treibstoffversorgung mit Otto-Kraftstoff noch immer ein Problem darstellte, während Diesel-Treibstoff ausreichend zur Verfügung stand.

Die Im Mai 1950 wurden die Typen 170V und 170D mit einem identischen Maßnahmenpaket einer Modellpflege unterzogen – wobei der 170Da mit Selbstzünder ebenfalls auf 1,8 Liter wuchs und ab sofort 40 PS leistete. Der 1952er 170Db unterschied sich äußerlich nur in Details vom Vorgänger. Nachfolger des 170Db wurde 1952/53 der 170DS im Gewand des etwas größeren 170S – er war besser ausgestattet als bisher, blieb aber bei 40 PS. Für den Abgesang der frühen Diesel stand 1953 bis 1955 der Mischtyp 170S-D, bei dem die abgespeckte Karosse des 170S auf das alte Chassis des 170V gesetzt wurde. Angesichts des neuen Typ 180 fungierte er als Einstiegsmodell.

Lieferbar waren die 170V-Modelle bis 1953 nicht nur als Limousinen, sondern auch als Fahrgestelle, die von Aufbauherstellern mit Sonderkarosserien versehen wurden. Um die starke Nachfrage nach dem 170D Limousinen befriedigen zu können, wurde das Diesel-Fahrgestell erst im Juni 1950 freigegeben und ab Oktober ausgeliefert. Bekanntgeworden sind vor allem Sonderaufbauten der Firma Lueg, deren Krankenwagen – seit Dezember 1950 auch auf Basis des 170D – offiziell über Daimler-Benz vertrieben wurden. In Bochum entstanden zudem Kombiwagen, Kastenwagen und Pritschenwagen, überwiegend mit Dieselmotor. Viele Fahrgestelle wurde an Aufbauhersteller im Ausland geliefert, ein großer Teil davon in Form von Teilesätzen nach Argentinien.
Von Dezember 1951 bis Mitte 1953 war der 170D auch als Kasten-Lieferwagen mit Sindelfinger Karosserie erhältlich. Dieser war jedoch weniger geräumig als der Lueg-Aufbau und daher zum Ausbau als Krankenwagen ungeeignet. Als Sonderausführung, die nie offiziell angeboten wurde, gab es auch das benzingetriebene Schwestermodell 170Va mit Sindelfinger Kastenwagen-Aufbau. Im Jahre 1952 entstanden insgesamt nur 35 Exemplare (Lieferung in die Schweiz). In Sindelfingen wurde aber noch ein weiteres Sondermodell auf Basis des 170D hergestellt: ein offener Polizei-Tourenwagen, viertürig, mit leichtem Klappverdeck, seitlichen Steckscheiben und nach vorn umlegbarer Frontscheibe. In den Jahren 1951/52 entstanden insgesamt 530 Exemplare des OTP.
Gesamtproduktion des Typs 170 zwischen 1947 und 1953: 83.190 Einheiten, davon 33.822 Diesel-Modelle.

170D, ab 1950 mit von außen zugänglichem Kofferraum

Mercedes-Benz 170D, ab 1949 im Programm (Gotsche-Zeichnung)

170Da mit Sindelfinger Kombiaufbau, 1951 bis 1953

Offener, viertüriger Mercedes-Benz 170 OTP, ausschließlich mit Dieselmotor ausgeliefert Foto: Kittler

Mercedes -Benz 170S Cabriolet B mit typischen Sturmstangen außen

Mercedes-Benz 170SD Krankenwagen von Lueg, 1953-1955

170S Cabriolet A (zweisitzig, mit Notsitz hinten), 1949

Mercedes-Benz 170S Cabriolet B (viersitzig)

170S in der ursprünglichen Ausführung mit außenliegenden Scharnieren und von Anfang an mit außen zugänglichem Kofferraum) hier in der Classic Remise Berlin. 1952 wurde er als 170Sb gründlich überarbeitet – erkennbar am größeren Heckfenster und den nach innen verlegten Scharnieren des Kofferraumdeckels Foto: Kittler

170S im noblen viertürigen Limousinen-Outfit , stilistisch basierend auf dem Vorkriegs-Typ 230 (W153). »S« steht für »Sonderklasse«

OBERE MITTELKLASSE
TYP 170S (W136 IV) 1949-1955
TYP 170S CABRIOLET A UND B 1949-1952

Der 170S war der erste höher positionierte Nachkriegswagen der Schwaben. Äußerlich ähnlich dem 170V, war der Wagen aber mit 4,45 m rund 15 cm länger. Er hatte einen 52 PS starken 1,8-L-Motor mit Fallstrom- statt Steigstromvergaser, eine verbesserte Vorderachse und eine geräumigere Karosserie als der 170V. Öffentlich präsentiert wurden 170S und 170D im Mai 1949 auf der Technischen Exportmesse in Hannover.

Im Januar 1952 folgte die überarbeitete Limousine 170Sb (W191) mit Lenkradschaltung und Knopf-Anlasser. Der Nockenwellen-Antrieb erfolgte über eine Duplex-Rollenkette, die Spurweite der Hinterachse wurde vergrößert und der Hinterachs-Antrieb auf Hypoidverzahnung umgestellt. Gleichzeitig mit dem 170Sb wurde der erfolgreiche 170DS mit dem Dieselmotor des 170Da präsentiert.
Neben zwei Werks-Cabrios gab es 170S-Sonderausführungen, die nicht im Werk Sindelfingen, sondern von externen Aufbauherstellern entstanden: beispielsweise ein Polizei-Funkwagen mit Binz-Kombiaufbau und ein offener sechssitziger Polizei-Streifenwagen mit Klappverdeck. 170Sb und 170DS, wurden von Dritten mit Sonderkarosserien versehen (vor allem Kombiwagen und sechssitzige Droschken-Limousinen).

Nachfolger des 170Sb wurde der Typ 180. Als preisgünstigere Einstiegsmodelle blieben 170S-V und 170S-D (Nachfolger von 170Vb/170Db) im Programm. Sie kombinierten die kaum veränderten Fahrgestelle der Vorgänger mit der geräumigeren Karosserie des 170Sb/170DS. Unterschiede zwischen 170S-V/170S-D und 170Sb/170DS: fehlende Chromleisten an den Lüftungsschlitzen der Motorhaube, Haltebügel anstelle Drehgriff am Kofferraumdeckel sowie die vom 170V/170D übernommenen Stoßfänger ohne Hörner. Auch die Typen 170S-V und 170S-D waren Basis für Sonderaufbauten von Lueg und anderen Karossiers. Neben den Krankenwagen mit Lueg-Aufbau, die offiziell von Daimler-Benz vertrieben wurden, sind hier vor allem Kombiwagen und Kasten-Lieferwagen zu nennen.
Auch vom 170S-V/170S-D wurden mehr Diesel als Benziner abgesetzt. Darum wurde der 170S-V nur bis Februar 1955 gebaut, während die Produktion des 170S-D erst im September auslief.

Neben der Limousine waren ab 1949 ein zweisitziges Cabriolet A für 15.800 DM und ein viersitziges Cabriolet B für 12.850 DM lieferbar. Beide übernahmen Radstand (2.845 mm) und 1,8-L-Motor (52 PS) von der Limousine; ein Diesel-Cabrio gab es nie. Das Cabrio A war einige Zentimeter länger als das Cabrio B.
Im November 1951/Anfang 1952 lief die Produktion der beiden Offenen nach nur drei Jahren Fertigungszeit aus. Als Ersatz fungierten die seit 1951 lieferbaren Oberklasse-Varianten des Typ 220 mit Sechszylindermotor. Vom A-Cabrio waren nur 830 Stück entstanden, während das B-Modell 1.603 Kunden fand. Gegenüber den 67.850 Limousinen und Fahrgestellen war dies natürlich nur ein Klacks.

DAIMLER-BENZ 1945-1960

OBERE MITTELKLASSE
TYP 180/190 »PONTON« (W120/121)
1953-1961

Die Fahreigenschaften des Im August 1953 anrollenden Typ 180 (W120) waren besser als beim Vorgänger, trotz Übernahme des leicht modifizierten Fahrwerks. Die an Doppelquerlenkern geführten Vorderräder hingen nun an einem U-förmigen »Fahrschemel«. Er nahm auch den vom 170Sb übernommenen 52-PS-Motor, Getriebe und Lenkung auf. Hinten saß die bewährte Pendelachse, bei der beide Räder nun zusätzlich an weit auseinanderliegenden Längslenkern geführt wurden.

Im Januar 1954 kam der Typ 180D hinzu, der bis auf den 40-PS-Diesel (vom 170SD), die 12-V-Bordelektrik und eine geänderte Hinterachsübersetzung mit dem Benziner-Schwestermodell identisch war. Diesel und Benziner erhielten im September 1955 die zuvor beim Typ 220a eingeführte hintere Eingelenk-Pendelachse mit tiefliegendem Drehpunkt.

Im März 1956 gesellte sich mit dem Typ 190 (Baureihe W121) ein drittes Vierzylinder-Modell hinzu. Er basierte auf dem 180er, hatte aber einen 75-PS-Motor. Das obengesteuerte 1,9-L-Aggregat stammte aus dem stärkeren Sportwagen 190SL, war jedoch gedrosselt worden.

Der 190er hatte Drehfenster vorn (ab April 1958 auch beim 180er), einen umlaufenden Chromstreifen unterhalb der Fenster, eine breitere Kühlermaske mit waagerechten Chromrippen, ungleich lange, in die Kotflügel ragende Zierstäbe an den Lufteinlassöffnungen beidseits der Kühlermaske, verchromte Regenrinnen, größere Heckleuchten, Felgen mit Kühlschlitzen sowie Radkappen mit größerem Stern (ab 1958 auch beim 180er).

Änderungen aller drei Vierzylinder-Limousinen ab August 1957: andere Innenausstattung, integrierte Kennzeichenbeleuchtung in die hinteren Hörnern, Muschelgriff am Kofferraumdeckel. Die Typ 180a genannte Einstiegs-Limousine bekam zudem den 1,9-L-ohc-Motor vom 190er. Wegen geringerer Verdichtung und eines Einfachvergasers hatte er nur 65 PS, begnügte sich aber mit Normalbenzin. Auch äußerlich wurde der 180a (nicht aber der 180D) aufgewertet – mit größeren Rückleuchten, Zierstäben am Lufteinlass und breiterer Kühlermaske des 190ers. Im September 1958 wurde kam als zweiter Selbstzünder der Typ 190D mit 50 PS starkem 1,9-L-Diesel.

Gleichzeitig mit den optisch fast identischen Sechszylindern (W111, vgl. S. 72/73) wurden im August 1959 auch die Vierzylinder-Modelle 180, 180D, 190 und 190D optimiert (Bremsen, Benziner nun mit 80 statt 68 PS). Sie liefen nun als 180b, 180Db, 190b und 190Db – erkennbar an flacherer Motorhaube, Kühlermaske von den Sechszylindern, wuchtigeren Stoßfängern, überarbeiteten Rückleuchten. Wie die neuen Sechszylinder polsterte man auch bei den Vierzylindern Schalttafel und Lenkrad.

Trotz Modellwechsel (»Heckflosse« ab August 1961) liefen die Einstiegs-Vierzylinder als 180c und 180Dc bis Oktober 1962 weiter. Erstmals kam hier noch ein neues, 48 PS starkes 2,0-L-Diesel-aggregat zum Einsatz. Alles in allem waren in Sindelfingen 442.963 Exemplare der Typen 180 bis 190D entstanden, davon 437.310 Limousinen und 5.653 Fahrgestelle mit Teilkarosserien.

Mercedes-Benz 180 mit großem Faltschiebedach

Mercedes-Benz 180 Ponton neben seinem 170 SV-Vorgänger. Der 180 hatte als erster Mercedes einen Ponton-Aufbau (voll integrierte Kotflügel, fast rechteckiger Grundriss): mit größerem Innenraum, weniger Luftwiderstand und Windgeräuschen. Zudem war die Karosserie selbsttragend und fest verschweißt mit der Rahmen-/Boden-Anlage (dadurch mehr Verwindungssteifigkeit)

Mercedes-Benz Typ 190 von 1958

OBERKLASSE

TYP 220 (W187) 1951-1955

Die viel beschworene Wirtschaftswunder-Ära lief schließlich ab 1951 richtig an – Mercedes baute nun traumhafte Sportwagen und repräsentative Limousinen. Wer etwas auf sich hielt, fuhr einen Wagen mit dem Stern. Das Typenspektrum der Serienfahrzeuge war mittlerweile auf ein vernünftiges Maß geschrumpft – die kaum noch überschaubare Vielfalt parallel produzierter Modelle wie in der Vorkriegszeit sollte es so (zunächst) nie wieder geben.

Auf der ersten IAA in Frankfurt im April 1951 wurden die noblen Pkw-Typen 220 (Baureihe W187) und 300 (W186 II) präsentiert. Beide hatten neue Sechszylinder-Motoren mit obenliegender Nockenwelle (ohc) unter der Haube. Eine Leistungssteigerung wie später bei Coupé und Cabriolet kam dem Kurzhuber-Triebwerk des 220 nie zugute. Die Limousine jedenfalls wurde, so Automobilbiograf Werner Oswald, »von der einschlägigen Kundschaft begeistert begrüßt«.

Der Typ 220 basierte, abgesehen von seinem 2,2-Liter-Kurzhub-Motor mit 80 PS, weitgehend auf dem Typ 170S. Fahrwerk und Karosserie waren nahezu identisch, die Scheinwerfer aber nun in die modifizierten Kotflügel integriert. Außenlänge und Radstand waren identisch mit den Maßen des 170S. Der höheren Motorleistung entsprechend hatte der 220 – der vor allem gegen den Opel Kapitän antrat – jedoch vorn Duplexbremsen.

Wie der 170S, wurde auch der 220, dessen Serienproduktion im Juli 1951 anlief, in mehreren Karosserievarianten angeboten. Das umseitig gezeigte Cabriolet B hatte bereits ein Jahr zuvor die Sindelfinger Werkshallen verlassen – viele potenzielle Kunden hatten in der gut 2.500 Mark preiswerteren Limousine mit Schiebedach offenbar die attraktivere Alternative gesehen. Insgesamt entstanden in der verhältnismäßig kurzen Produktionszeit zwischen Juli 1951 und Mai 1955 in den Sindelfinger Hallen exakt 18.514 Einheiten des Typs 220, davon 16.066 Limousinen.

Übrigens: Fast vergessen ist der Einsatz einer 220er-Limousine bei der Rallye Monte Carlo, wobei hier kein Geringerer als der frühere Grand-Prix-Star Rudolf Caracciola mit Beifahrer Paul Kurle für Daimler-Benz starteten.

Genfer Autosalon mit den Oberklasse-Typen 220 und 300

Werbeprospekt vom 220er, gezeichnet wieder von Walter Gotschke

Mercedes-Benz Typ 220 Limousine mit großem Schiebedach

Von Rudolf Caracciola und Paul Kurle eingesetzter 220 bei der Rallye Monte Carlo 1952

Mercedes-Benz 220 Limousine von 1951

Das extrem seltene Mercedes-Benz 220 Coupé Foto: Kittler

Viertüriger Mercedes-Benz 220 Offener Polizei-Tourenwagen

Sehr rares 220 Coupé mit Schiebedach

Mercedes-Benz 220 Cabriolet A

OBERKLASSE
TYP 220 CABRIOLET UND COUPÉ (W187) 1952-1955

Wie der 170S, wurde auch der 220, dessen Serienproduktion im Juli 1951 anlief, in drei Karosserievarianten – Limousine, Cabriolet A und Cabriolet B – angeboten. Die beiden Cabriolets, positioniert als sportliche Reisewagen mit exklusivem Charakter, lösten die entsprechenden Ausführungen des 170S ab, deren Produktion im November 1951 auslief.

Neben den genannten Karosserietypen, die für jeden finanziell hinreichend ausgestatteten Interessenten erhältlich waren, wurden zwischen August 1952 und Mai 1953 insgesamt 41 offene Tourenwagen für die Polizei produziert. Auf den ersten Blick zeigt diese Version eine starke Ähnlichkeit mit dem Cabriolet B, unterscheidet sich von diesem aber einerseits in der Ausführung als Viertürer und weist andererseits – wie für offene Tourenwagen traditionell üblich – ein Verdeck ohne Sturmstangen auf.

Darüber hinaus war der 220er auch als Fahrgestell für Sonderaufbauten lieferbar. So entstanden bei Lueg in Bochum im Oktober 1952 acht Krankenwagen, und das Karosseriewerk Binz in Lorch baute zwischen Oktober 1952 und Juli 1954 mehr als 30 Polizei-Funkwagen auf 220er Fahrgestell. Weitere Sonderkarosserien sollte es künftig nur noch in Ausnahmefällen (beispielsweise Kranken- oder Bestattungswagen, aber auch Landaulet-, Sportcabrio- und Langversionen für besonders exklusive Kunden) geben. Alles in allem wurden lediglich 47 Fahrgestelle ausgeliefert.

Im November 1953 erhielt das Cabriolet A eine leicht gewölbte statt der bisher geraden Frontscheibe, mit der die sportliche Note dieses Modells stärker hervorgehoben werden sollte. Ab Dezember 1953 gab es – auf »wiederholtes Drängen einzelner prominenter Persönlichkeiten«, wie es in einem Rundschreiben der Verkaufsleitung hieß – eine zusätzliche Aufbauvariante: ein Coupé, das hinsichtlich Verkaufspreis und produzierter Stückzahl zur exklusivsten Version des Typ 220 avancierte. Technisch wie stilistisch basierte das Coupé auf dem Cabriolet A. Ab April 1954 wurde in beide Varianten ein höherverdichteter, leistungsgesteigerter Motor mit 85 PS eingebaut, der für das ab Juni 1954 produzierte Nachfolgemodell, den Typ 220a, entwickelt worden war.

Coupé (85 Exemplare) und Cabriolet A (1.278 Ex.) wurden noch bis Juli bzw. August 1955 weitergebaut; vom Cabriolet B waren 997 Einheiten produziert worden. Danach verging mehr als ein Jahr, bis beide Karosserietypen auch vom neuen 220er mit Ponton-Karosserie erhältlich waren.

Mercedes-Benz 220 Cabriolet B für vier Reisende

DAIMLER-BENZ 1945-1960

OBERKLASSE
TYP 219 »PONTON« (W105), 220/220S »PONTON« (W180) 1954-1959
TYP 220SE »PONTON« (W128) 1958-1960

Der im März 1954 vorgestellte Typ 220 (Baureihe W180 I) basierte auf dem Vierzylinder-Ponton und sah ihm zum Verwechseln ähnlich – wäre da nicht der längere Radstand gewesen. Hinten gab es erstmals eine spurstabile Eingelenk-Pendelachse mit tiefliegendem Drehpunkt. Verbessert wurden die Bremsen (ab September 1955 serienmäßig Bremskraftverstärker). Der dank höherer Verdichtung, schärferer Nockenwelle und größeren Vergasers 85 PS starke Motor des 220a kam vom 220er-Vorgängermodell (W187).

Im März 1956, zwei Jahre nach der Präsentation des 220a, wurden dessen Nachfolger 219 (W105) und 220S (W180 II) vorgestellt. Der 219 war eine einfache ausgestattete, preisgünstige Kombination der Typen 190 und 220a. Motor – und damit auch der längere Vorderwagen – stammten unverändert vom 220a, während Fahrwerk, Karosserie ab der A-Säule sowie Ausstattung vom 190er kamen. Dementsprechend waren Radstand und Gesamtlänge des 219 kleiner als beim 220S, aber größer als beim 190. Zum Facelift im August stieg die Leistung dank höherer Verdichtung um 5 PS. Dazu kamen Modifikationen bei Exterieur und Interieur. Optional gab es auch für den 219 die hydraulisch-automatische Kupplung »Hydrak«. Direkter Nachfolger des 220a war der 220S. Seine Motorleistung stieg dank zweier Registervergaser auf 100 PS. Äußerlich war der 220S nur an einer zusätzlichen Zierleiste von seinem Vorgänger zu unterscheiden. Die Sicke an den vorderen Kotflügeln und Türen war auf beiden Seiten mit einem dünnen Chromstreifen versehen. Mit dem Facelift vom August 1957 wuchs die Motorleistung um weitere 6 PS. Modifiziert hatte man zudem das Interieur sowie die vorderen Stoßfänger, die nun eine geänderte Kennzeichenblende und zusätzliche seitliche Halterungen aufwiesen. Beim 220S wurden auch die hinteren Stoßfänger mit solchen Halterungen versehen. Natürlich gab es auch den 220S mit Halbautomatik.

1958 kam die neue Sechszylinderlimousine 220SE (W128), die äußerlich wie der 20S aussah, aber eine Benzineinspritzung bekam. Beachtlich war neben dem Leistungszuwachs auf 115 PS und den verbesserten Fahrleistungen bei relativ niedrigerem Verbrauch auch der Mehrpreis von 1.900 Mark. Auf Wunsch konnte zudem die »Hydrak«-Automatik geordert werden (Aufpreis 450 Mark). Der deutliche Mehrpreis und der kurze Produktionszeitraum von nur zehn Monaten machten den 220SE mit 1.974 gebauten Exemplaren zum exklusivsten Typ der Baureihe. S-Modelle mit Dieselmotor sollte es übrigens über Jahrzehnte nicht (mehr) geben.

Im August 1959 wurden drei völlig neue Sechszylindermodelle der Baureihe 111 als Nachfolge der Typen 219, 220S und 220SE vorgestellt. In fünfeinhalbjähriger Produktionszeit waren bis 1959 insgesamt 111.035 Sechszylinderlimousinen mit Ponton-Karosserie entstanden. Viele davon gingen in den Export. In China geriet der 220er sogar zur Blaupause für den ersten dortigen Oberklasse-Pkw, den Shanghai.

Von 1956 bis 1957 gebauter Mercedes-Benz 219, hier noch mit dem frühen Stoßfänger

Mercedes-Benz 220 von 1955 mit 170 mm mehr Radstand als beim sehr ähnlichen Vierzylinder-Ponton, 70 mm davon vergrößerten den Fußraum hinten, 100 mm steckten im längeren Vorbau

Mercedes-Benz 220S mit speziell gefertigtem Koffersatz

Typ 220S von 1956. Die Motorhaube war beidseits der Kühlermaske tief heruntergezogen, hinter den serienmäßigen Nebelleuchten befanden sich Einlassöffnungen, und die Blinker saßen in verchromten Gehäusen vorn oben auf den Kotflügeln

Mercedes-Benz 220SE der Baureihe W128, äußerlich wie 220S

Ponton S-Export, hier 1955 nach Guatemala

220S Cabriolet von 1956 mit früher Stoßfänger-Ausführung

Mercedes-Benz 220S Coupé (Baureihe W180 II)

Mercedes-Benz 220S Cabriolet (W180)

Mercedes-Benz 220S Ponton Cabriolet

OBERKLASSE
TYP 220 CABRIOLET UND COUPÉ (W180 II) 1955-1959

Traditionell brachte Daimler-Benz wiederum noble Sonderversionen des neuen Oberklassemodells heraus. Ursprünglich war sogar ein größeres Cabriolet B mit deutlich größerem Innenraum geplant, man begnügte sich dann aber mit einer 2+2-sitzigen Variante: Zwei Monate nach Auslauf des alten 220 Cabriolet A zeigte sich im September 1955 auf der Frankfurter IAA das neue 220 Cabriolet A/C (W180 II) auf Basis des Sechszylinder-Pontons 220a. Es nutzte dessen verkürzte Rahmen-/Boden-Anlage und sollte ab Mitte 1956 lieferbar sein. Statt der offenen Variante des 220a kam dann aber ein vom Typ 220S abgeleitetes, 60 kg schwereres Cabrio mit 100-PS-Motor. Automobilchronist Werner Oswald kritisierte dessen »barocke und chromüberladene Form«. Mit 21.500 DM lag das Cabrio unglaubliche neun Tausender über der Limousine!

Drei Monate nach dem Cabriolet gesellte sich eine 2+2sitzige Coupé-Variante hinzu, die – bis auf das feste Dach – der offenen Version entsprach. Der Radstand von Coupé und Cabrio betrug 2.700 mm statt der 2.820 mm der S/SE-Limousine. Coupé und Cabrio kosteten den gleichen Preis. Im August 1957 erhielten auch das 220S Coupé und Cabriolet ein Facelift und eine auf 106 PS erhöhte Motorleistung, zudem gab es ab 1957 optional den Kupplungsautomaten »Hydrak«. Ab September 1958 wurden Limousine, Cabrio und Coupé auch als 220SE mit Benzineinspritzung angeboten – sie liefen für alle Karosserieausführungen unter der Baureihenbezeichnung W128. Äußerlich gab es keine Unterschiede zum parallel weiter angebotenen Vergaser-Modell. Die verbesserten Fahrleistungen und der etwas günstigere Kraftstoffverbrauch des Einspritzers kosteten allerdings fast zwei Tausender-Scheine extra, üppig geriet auch der Aufpreis für den optional lieferbaren hydraulischen Kupplungsautomaten.
Auch nachdem im August 1959 die neuen »Heckflossen«-Limousinen debütierten, liefen Cabriolet und Coupé als 220SE noch zwei Monate weiter – nun aber mit dem modifizierten 120-PS-Einspritzmotor des neuen Typs 220SEb. Mit insgesamt 5.371 Einheiten, davon 1.942 mit Einspritzmotor, sind die Ponton-Zweitürer echte Raritäten.

Typ 220S Coupé (Exponat Concours d'Elegance Schwetzingen)
Foto: Kittler

DAIMLER-BENZ 1945-1960

LUXUSKLASSE
TYP 300A, B, C »ADENAUER« (W186 II, III, IV) 1951-1957
TYP 300D (W189) 1957-1962

Der Typ 300(a) der Baureihe W186 II debütierte auf der ersten Frankfurter IAA im April 1951. Konzeptionell basierte er auf dem geplanten Typ 260 von 1940. Angetrieben wurde er – wie der Typ 220 – von einem ohc-Sechszylinder (115 PS). Im März 1954 kam der modellgepflegte 300b (W186 III) mit 125-PS-Motor und deutlich verbesserten Bremsen einschließlich Unterdruck-Bremskraftverstärker. Exterieuränderungen: Ausstellfenster an den Vordertüren, verchromte Steinschlag-Schutzbeschläge an den hinteren Kotflügeln, Hörner auf den Stoßfängern. Genau wie der 300(a) war auch er als viertüriges Cabrio D zu haben.

Mercedes-Benz 300b Cabriolet D von 1954 mit optionalen Zusatzscheinwerfern und integriertem Rückspiegel

Auf der 1955er-IAA erschien ein weiter modifizierter 300er (größere Heckscheibe, breitere Reifen). Der 300c (W186 IV) bekam eine Eingelenk-Pendelachse und als Extra ein automatisches Borg-Warner-Getriebe. Wie 300(a) und 300b ließ er sich mit Schiebedach und Trennwand ausstatten. Das entsprechende Cabrio D wurde noch bis Juni 1956 produziert. Anfang Mai 56 ging eine verlängerte Sonderausführung des 300c ins Bundeskanzleramt, sie fand sich ab Juni im regulären Verkaufsprogramm.

Der Typ 300d (3.077 Exemplare) auf dem verlängerten Fahrgestell der Vorgänger erschien zur IAA 1957 als Letzter der 300er-Reihe. Neuer Baureihencode W189 wegen vieler technischer und stilistischer Änderungen. Gestalter des Neuen war der aus Vorkriegszeiten bekannte Hermann Ahrens, der mit großen Glasflächen üppige Raumverhältnisse vermittelte. Dank neuer Saugrohreinspritzung stieg die Leistung auf 160 PS. Zur Serienausstattung gehörte nun die Automatik (Schaltgetriebe auf Sonderwunsch). Ab März 1958 gab es als Extra eine ZF-Servolenkung, ab Dezember 1958 auch eine Klimaanlage. Die großen Limousinen kosteten je nach Modell und Baujahr zwischen 20.00 und 30.000 DM.

Mit dem Typ 300d lebte ab Dezember 1958 nach zwei Jahren Pause das große Cabrio D wieder auf. Das Leergewicht des nur 65-mal gebauten Offenen stieg auf zwei Tonnen, die erlaubte Zuladung lag bei nur 450 kg. Neben der 300d-Limousine, die wie das Vorgängermodell mit Schiebedach und/oder Trennwand ausgestattet werden konnte, gab es noch exklusivere Unikate. So wurden 1960 eine Pullman-Limousine und zwei Pullman-Landaulets (3.600 mm Radstand) aufgebaut. Sie hatten auch einen deutlich höheren Dachaufsatz. Als Sonderausführung für Papst Johannes XXIII. entstand 1960 ein Landaulet mit einem Verdeck über dem Einzelsessel im rückwärtigen Teil des Fahrzeugs.

Zudem wurden vereinzelt Aufbauten anderer Karossiers auf die 300er-Fahrgestelle gesetzt. Berühmt wurden die Umbauten von Pininfarina. Aber auch Kranken- und Bestattungsfahrzeuge auf Basis der großen Limousinen sind entstanden, beispielsweise von Binz, Kässbohrer, Lueg und Miesen.

Typ 300c mit um 100 mm verlängertem Radstand, 1956/1957

Mercedes-Benz Typ 300d von 1960

Mercedes-Benz 300 von 1952. Zu den bekanntesten Nutzern des großen Wagens zählten Konrad Adenauer (darum »Adenauer-Mercedes«), Theodor Heuss, Ludwig Erhard und Kurt Schumacher. Bis 1967 nutzte der greise Kanzler insgesamt sechs verschiedene 300er-Modelle

Typ 300d Cabriolet D von 1962: Mehrpreis zur Limousine 8.500 DM

Typ 300b mit Pininfarina-Aufbau (Exponat beim Concours d'Elegance Schloss Bensberg Classics) Foto: Kittler

Mercedes-Benz 300 S Cabriolet A, zweisitzig mit Notsitz im Fond

Typ 300S Coupé als exklusivste Modell-Variante

Typ 300Sc Roadster ab 1956, wie das Cabrio A, aber ohne Sturmstangen

Mercedes-Benz 300 S Cabriolet A (Concours-Teilnehmer Schloss Bensberg Classics) Foto: Staud

Typ 300Sc Coupé von 1955 mit 175-PS-Einspritzmotor

Mercedes-Benz Coupé und Cabriolet A von 1951

LUXUSKLASSE
TYP 300S/300SC CABRIOLET, ROADSTER UND COUPÉ (W188 I, II) 1951-1958

Im Oktober 1951 – einen Monat vor Beginn der Serienproduktion des 300ers – wurde auf dem Pariser Salon mit dem Typ 300S ein weiteres Spitzenmodell vorgestellt. Technisch basierte er auf dem Typ 300 und lief als W188 I, verfügte aber über ein kürzeres Fahrgestell (150 mm weniger Radstand). Die Motorleistung stieg dank dreier Vergaser und einer höheren Verdichtung auf 150 PS. Damit war eine Höchstgeschwindigkeit von 175 km/h realisierbar. Angeboten wurde der 300S als Cabriolet A, als Roadster und als Coupé. Die Serienproduktion der drei Varianten lief zwischen Juni und September 1952 an. Vor allem das zweisitzige Cabrio (mit Notsitz im Fond) war der Geheimtipp für den internationalen Jetset. Lediglich 203 Cabrio A in der 150-PS-Version entstanden, dazu kamen weitere 49 mit dem später eingesetzten 175-PS-Einspritzmotor.
Der speziell für den US-Markt erdachte Roadster entsprach im Wesentlichen dem Cabriolet A, hatte aber ein leichteres, voll versenkbares Verdeck ohne Sturmstangen. Er kostete exakt den gleichen Preis des Cabrio A und wurde nur 141-mal in der ersten Ausführung gebaut. Mit Einspritzmotor entstand er lediglich in 53 Exemplaren.

Viele Automobilliebhaber halten indes das Coupé für die schönste Ausprägung der 300S-Familie. Mit dem 150-PS-Motor versehen, wurden 216 Exemplare gebaut. Die Serienproduktion der drei Varianten war zwischen Juni und September 1952 angelaufen.

Im September 1955 wurde dann – zusammen mit dem Typ 300c – eine modellgepflegte Version des 300S präsentiert. Diese Version lief als 300Sc (W188 II) und war mit Eingelenk-Pendelachse mit tiefliegendem Drehpunkt sowie mit dem neuen 175-PS-Sechszylinder ausgestattet. Die Gemischbildung erfolgte nicht mehr über drei Vergaser, sondern durch Saugrohreinspritzung. Bei gleichzeitiger Erhöhung der Verdichtung konnte die Motorleistung auf die genannten 175 PS gesteigert werden. Trotz gleichen Hubraums war der Sc also stärker als die 300d Limousine.
Auch die Karosserie wies einige Änderungen auf: Ausstellscheiben an den Seitenfenstern, größere Blinkleuchten, zwei waagerechte, mit Chromstäben verzierte Lüftungsschlitze beidseits der Motorhaube, eine zwischen den Radausschnitten verlaufende Chromleiste und der Schriftzug »EINSPRITZMOTOR« auf dem Kofferdeckel unterhalb des Griffs. Das 300Sc Coupé wurde bis April 1958 ganze 98-mal gebaut – insgesamt war das Coupé die exklusivste Modellvariante.
Trotz technischer und optischer Verbesserungen wurden von allen drei Karosserievarianten des 300Sc insgesamt nur 200 Stück produziert. Ab Anfang 1957 hatte das Interesse so stark nachgelassen, dass die Produktion des 300Sc im April 1958 auslief. Grund dafür war vor allem das Debüt des 300SL Roadster, der wohl für manche Kaufinteressenten das attraktivere Angebot darstellte – war er doch trotz zeitgemäßerem Design und gesteigerter Fahrleistungen zudem 4.000 DM billiger. Das S-Modell hatten 34.500 DM gekostet, für die Sc-Ausführungen waren 36.500 Mark fällig.

DAIMLER-BENZ 1945-1960

SPORTWAGEN
TYP 300SL COUPÉ (W198 I) 1954-1957
TYP 300SL ROADSTER (W198 II) 1957-1963

Das stromlinienförmig gezeichnete 300SL Coupé (W198 I) basierte auf dem Rennsportwagen W194 der Saison 1952 und war der erste reinrassige Sportwagen, der nach dem Krieg bei Daimler-Benz entwickelt wurde. Grund für die Flügeltüren war der aus dem Rennsport übernommene Gitterrohr-Rahmen, dessen Bauhöhe keine konventionellen Türen erlaubte.
Erstmals kam hier ein Motor mit leistungssteigernder Benzin-Direkteinspritzung zum Einsatz – entwickelt von Hans Scherenberg, der bald schon Entwicklungs-Vorstand von Daimler-Benz wurde. Das Fahrwerk entsprach im Wesentlichen jenem der 300er Limousine, war aber sportlicher abgestimmt. Die konsequente Leichtbauweise – das Gewicht des fahrfertigen Wagens mit Reserverad, Werkzeug und Brennstoff betrug 1.295 kg – verhalf dem 300SL auch zu seinen aufsehenerregenden Fahrleistungen: Je nach Hinterachsübersetzung war eine Höchstgeschwindigkeit zwischen 235 km/h und 260 km/h erzielbar.

Von August 1954 bis Mai 1957 entstanden in Sindelfingen 1.400 Exemplare (Stückpreis 29.000 DM), davon 29 mit Leichtmetall-Aufbau sowie ein Versuchswagen mit Kunststoff-Karosserie. Übrigens: Der 300SL Roadster war 4.000 Mark günstiger als das 300Sc Coupé. Der größte Teil der Fahrzeuge ging in den Export, vor allem in die USA, wo er als »Gullwing« Berühmtheit erlangte.

Nachfolger des Flügeltürers war der im März 1957 vorgestellte, besonders von der US-Kundschaft geforderte 300SL Roadster (W198 II), den erneut US-Importeur »Maxie« Hoffman initiiert hatte. Technisch entsprach der Roadster prinzipiell dem Coupé. Neu waren die aufrechtstehenden statt der zuvor runden Scheinwerfer. Wegen des nunmehr geänderten Gitterrohr-Rahmen ließen sich konventionelle Türen einbauen. Dank der vom Typ 220a bekannten Eingelenk-Pendelachse mit tiefgelegtem Drehpunkt verbesserten sich die Fahreigenschaften gegenüber der ursprünglichen Pendelachse des Coupés. Ab Oktober 1958 gab es ein abnehmbares Hardtop für 1.500 DM als Extra, im März 1961 erhielt der 300SL Dunlop-Scheibenbremsen, und ab März 1962 kam ein modifizierter Motor mit Leichtmetall-Block.

Die SLS-Sportversion beschränkte sich dabei auf zwei Einzelstücke, an eine Serienfertigung war nie gedacht worden. Äußerlich ist der 300SLS an den fehlenden Stoßstangen, einer speziell geformten Cockpitabdeckung mit Lufteinlassschlitz, der schmalen Renn-Windschutzscheibe und dem Überrollbügel hinter dem Fahrersitz zu erkennen. Ebenfalls nur zweimal gebaut wurde der sogenannte Uhlenhaut-SLR (Kapitel Rennsport, S. 84/85), ein mit einem etwas gezähmten Formel-1-Achtzylindermotor versehener Flügeltürer.
Die Produktion des 32.500 DM teuren Serien-Roadsters endete nach 1.858 Einheiten am 8. Februar 1963 in Sindelfingen. Mit dem Roadster-SL kam bei Daimler-Benz die Ära von Autos mit separatem Rahmen zum Abschluss.

Mercedes-Benz Typ 300SL Flügel, 1954

Typ 300SL Roadster mit Hardtop (Aufpreis 1.500 DM)

Typ 300SLS Roadster von 1957 (eines von zwei Unikaten)

Mercedes-Benz 300SL als Flügeltürer und Roadster

Rohrrahmen-Grundgerüst des 300SL

Der 190SL bot Platz für zwei, dazu einen engen Notsitz hinten quer. Dahinter zwei Vertreter der späteren SLK-Reihen

Mercedes-Benz 190SL mit Verdeck

Hardtop-Version des 190SL mit kleiner Heckscheibe

190SL Hardtop-Version mit großer Heckscheibe

Typ 190SLS, wie er jedoch nie ins offizielle Programm kam

SPORTWAGEN

TYP 190SL (W121) 1955-1963

Anders als der Flügeltürer war der 190SL (W121) kein reinrassiger Sportwagen, sondern ein sportliches Alltagsfahrzeug. Auch er war von US-Importeur Maxie Hoffman angeregt worden. Die von Designchef Karl Wilfert und Walter Häcker entworfene Karosserie war aber stilistisch eng an den großen Bruder 300SL angelehnt. Zwar war der 190SL zusammen mit dem 300SL bereits im Februar 1954 erstmals gezeigt worden, aber der Beginn der Serienproduktion dauerte noch bis Januar 1955 (Vorserie) bzw. Mai 1955 (Hauptserie). Zunächst entstanden sogar einige wenige Rennsport-Ausführungen mit leichten Türen und winziger Plexiglas-Rennscheibe (190SLS).

Der zweisitzige Wagen – mit optionalem hinteren Quersitz – saß auf der verkürzten Rahmenbodenanlage des 180 (Radstand 190SL: 2.400 mm). Für sichere Fahreigenschaften, von Presse und Fachpublikum allgemein gelobt, sorgte die bereits vom Typ 220a bekannte Eingelenk-Pendelachse mit tiefgelegtem Drehpunkt. Die Vorderrad-Aufhängung einschließlich des Fahrschemel-Konzepts hatte man von den Typen 180 / 180D übernommen. Angetrieben wurde er von einem 1,9-Liter-ohc-Vierzylinder – eng verwandt mit dem später eingesetzten Motor der 190er-Limousine. Lieferbar war der 190SL ab Mitte 1955 in drei verschiedenen Ausführungen: als Roadster mit Verdeck, aber ohne Coupédach sowie als Coupé mit abnehmbaren 20-kg-Hardtop, wahlweise mit oder ohne Verdeck. Von Mai 1955 bis Februar 1963 entstanden 25.881 Exemplare, die meisten gingen in die USA. In Deutschland kostete der 16.500 DM (Aufpreis Hardtop 1.150 Mark).

Von den Detailverbesserungen, die dem 190SL in seiner Produktionszeit zugutekamen, sind einige auch äußerlich deutlich erkennbar: Im März 1956 wurden breite Chromleisten am oberen Türabschluss eingeführt, und im Juni des gleichen Jahres erhielt der 190SL die größeren Rückleuchten der Typen 220a, 219 und 220S. Im Juli 1957 wurde die hintere Kennzeichenbeleuchtung in die Stoßstangenhörner verlegt, so dass einer Montage der seinerzeit eingeführten breiteren Kennzeichenschilder nichts mehr im Wege stand. Damit gehörten die Hörner, mit denen man zuvor nur die USA-Ausführung serienmäßig ausgerüstet hatte, hinten zur Grundausstattung, waren aber vorn weiterhin nur gegen Aufpreis lieferbar. Ab Oktober 1959 erhielten die Coupés ein neues Hardtop mit vergrößerter Heckscheibe, die deutlich verbesserte Sichtverhältnisse garantierte. Schließlich wurde im August 1960 das Schloss des Kofferraumdeckels geändert; gleichzeitig ersetzte ein Muschelgriff, der auch bei den Typen 180Db bis 190b montiert wurde, den zuvor verwendeten Bügel.

Dass der 190SL hierzulande lange als »Nittribit-Roadster« geschmäht wurde – so benannt nach einer seinerzeit berüchtigten Frankfurter Kurtisane, die den Roadster als »Dienstwagen« fuhr, hat zwar die Daimler-Presseleute verärgert, dem Image aber keinerlei Abbruch getan. Im Gegenteil: Eine etwas anrüchige Story ist eben allemal besser als keine Story.

DAIMLER-BENZ 1945-1960

MOTORSPORT

TYP 300SL (W194) 1952-1953
TYP 300SLR (W196 I) 1955

Anfang der 50er kam Daimler-Benz zurück in den Motorsport. Zunächst mit dem 300SL (W194), der vor allem bei Langstreckenrennen wie der Carrera-Panamericana erfolgreich an den Start ging. Von Versuchschef Rudolf Uhlenhaut stammte die Idee, auf Basis des Typs 300/300S jenen Rennsportwagen mit Rohrrahmenaufbau zu entwickeln.

Wenig später folgte der Wiedereinstieg in den Grand-Prix-Sport. Erste Probeauftritte mit dem alten W154 bei Formula-Libre-Läufen in Argentinien zu Anfang 1951 enttäuschten. Da in der Formel 1 für 1954 die Umstellung auf 2,5-L-Saugmotoren bevorstand, wollte man nun mit dem neuen Rennsportwagen Erfahrungen sammeln.

Mitte 1951 begannen die Arbeiten, es blieb aber beim Antrieb via 3,0-L-Reihensechszylinder mit Vergaser. 1952 waren damit je nach Auslegung und Einsatzzweck 160 bis 200 PS erreicht, installiert in leichte Coupés oder Roadster (895 bis 1.095 kg). Noch im Jahr 1952 wurden schließlich 208 bis 215 PS erreicht, nun bereits mit Direkteinspritzung. Im Anschluss entstanden insgesamt zehn W194, zunächst mit kurzen, dann mit weiter nach unten reichenden Türen.

Mittlerweile wurde heftig an den 2,5-L-Wagen für die Formel 1 gearbeitet. 1953 endete darum die Ära des W194. Man entschied sich, den Formel-1-Reihenachtylinder mit Mittenabtrieb aus der Saison 1954/55 (mit Direkteinspritzung und desmodromischer Ventilbetätigung) für das Rennsport-Nachfolgemodell 300SLR (W196.1) zu verwenden. Rahmen und Fahrwerk des Zweisitzers basierten auf dem des Rennwagens, allerdings wurde der Radstand um 20 mm verlängert. Zu einer Scheibenbrems-Anlage konnte man sich nicht durchringen, weshalb bei bestimmten Rennstrecken zusätzlich eine Spoiler-Luftbremse eingesetzt wurde. Bei der Rekordfahrt 1955 während des 1.000-Meilen-Nonstoprennens auf öffentlicher Straße fuhr man mit konventionellen Bremsen: Stirling Moss/Dennis Jenkinson schafften einen nie zuvor erzielten Schnitt von 157,651 km/h.

300 bis 306 PS wurden erreicht, gut für fast 290 km/h. Neben den Sport-Roadstern wurden auch zwei SLR-Coupés aufgebaut, die nur probeweise im Rennsport debütierten. Einer davon diente später Uhlenhaut als Dienstwagen. Intern war überlegt worden, vom geschlossenen SLR eine Kleinserie aufzubauen. Einer der beiden SLR wurde 2022 im Rahmen einer Sotheby's-Auktion für 135 Millionen Euro versteigert. Damit ist dieses Fahrzeug der bislang teuerste Wagen der Welt – gefolgt von mehreren Ferrari.

Mit dem Ausstieg aus dem Rennsport Ende 1955 endeten alle kühnen Projekte. Die Erfolge aber bleiben unvergessen – bei Sportwagenrennen wie der Carrera Panamericana, der Mille Miglia oder in Le Mans ab 1952. Der Gewinn der Sportwagen-WM 1955 war schließlich der Höhepunkt.

Typ 300SLR mit Luftbremse in Le-Mans-Ausführung, 1955

Mercedes-Benz W194 Wettbewerbs-Coupé (Carrera Panamericana)

Typ W194 in Südamerika mit Klenk (li) und Kling 1952

Mercedes-Benz 300SLR, mit dem Fangio 1955 erfolgreich bei der MM antrat

Moss//Jenkinson auf 300SLR bei ihrer Rekordfahrt auf der Mille Miglia 1955

Uhlenhaut-SLR mit seinem Initiator

Typ W196 R auf dem Renntransporter »Blaues Wunder«, der von einem 300SL-Motor angetrieben wurde

Mercedes-Benz W196 R (Hermann) und Stromlinie (Fangio jun.) beim Goodwood Revival 2011

DAIMLER-BENZ 1945-1960

Mercedes-Benz Typ W196 R mit freistehenden Rädern von 1995

Typ W196 R Stromlinie, wie er beim Grand Prix von Reims 1955 mit Starpilot Fangio siegte

Mercedes-Benz Typ W196 R Stromlinie von 1954

MOTORSPORT

TYP W196 R UND W196 R STROMLINIE 1953-1955

Erste Testfahrten mit dem neuen Formel-1-Rennwagen W196 liefen im Dezember. Im Frühjahr 1954 folgten Fahrten in Hockenheim und Monza. Da das Einsatzfahrzeug nicht rechtzeitig zum Saisonstart in Argentinien fertig wurde, stieg Mercedes erst ab dem GP von Frankreich in die Weltmeisterschaft ein. Der Argentinier Fangio, von Mercedes als Starpilot für 1954 verpflichtet, startete zu Saisonbeginn zwei Rennen lang auf Maserati, um seine Chancen auf die Fahrerweltmeisterschaft zu wahren.

Der W196 bot technische Innovationen, speziell bei Antrieb und Aerodynamik. Der Motor war ein 2,5-L-Reihenachtzylinder mit Benzin-Direkteinspritzung und desmodromischer Ventilsteuerung. Für schnelle Strecken wurde der W196 mit einer Stromlinien-Karosserie aus einer leichten Magnesiumlegierung entwickelt, die höhere Spitzengeschwindigkeiten brachte. Da der Einstieg in die Saison für das vierte Rennen auf dem Hochgeschwindigkeitskurs von Reims geplant war, hatte die Entwicklung der Stromlinienkarosse Priorität gegenüber einem klassischen Monoposto mit freistehenden Rädern.

Am 4. Juli 1954 startete Mercedes-Benz wie geplant in Frankreich mit dem W196 – und feierte mit den Fahrern Juan Manuel Fangio (1911-2005) und Karl Kling (1910-2003) einen Doppelsieg. Beim britischen GP stellte sich die Stromlinien-Karosserie aber als ungünstig für kurvenreichere Strecken heraus. Zum nachfolgenden GP von Deutschland wurde daher auch ein Monoposto mit freistehenden Rädern entwickelt, mit der Fangio erneut zum Erfolg kam. Im Anschluss gewann er zudem die Großen Preise der Schweiz und von Italien und sicherte sich damit überlegen den Fahrertitel für die Saison 1954 – als erster Pilot in einem deutschen Formel-1-Wagen.

Auch 1955 setzte das Mercedes-Team den W196 ein. Die Variante mit der Vollverkleidung fuhr 1955 nur noch in Monza, der letzten im Kalender verbliebenen Hochgeschwindigkeitsstrecke. Weltmeister Fangio blieb dem Team erhalten. Dazu kam noch vor Saisonbeginn der britische Nachwuchsfahrer Stirling Moss (1929-2020).

Zum Saisonauftakt Mitte Januar siegte Fangio bei seinem »Hitzeschlacht«-Heimrennen in Buenos Aires. Fangio gewann zudem in Belgien, den Niederlanden und in Italien, während Teamkollege Moss den GP von Großbritannien als Rennsieger beenden konnte. Der Argentinier Fangio feierte seinen zweiten Titel mit Mercedes, Markenkollege Moss wurde Vizeweltmeister.

Mitte der 50er Jahre lag Daimler-Benz also wieder an der Weltspitze, sowohl bei Sportwagen-Rennen als auch im Grand-Prix-Sport. Vier der sechs Rennen der Formel-1-WM gewann die Marke mit dem Stern; 1955 wurden sogar fünf der sechs Rennen siegreich beendet. Beste Fahrer in beiden Jahren war der Argentinier Juan Manuel Fangio, der folglich zweimal Weltmeister wurde. Die anderen Stammfahrer von 1954/55 waren Hans Herrmann, Karl Kling, Hermann Lang, Stirling Moss, Piero Taruffi und André Simon als Ersatzfahrer.

Auf dem Zenit seiner Rennerfolge zog sich das Unternehmen aus dem Motorsport zurück. Einer der Gründe war der verheerende Unfall in Le Mans 1955, als ein Mercedes-Gastfahrer mit seinem 300SLR unverschuldet 84 Zuschauer in den Tod riss.

DAIMLER-BENZ 1960-1980

OBERE MITTELKLASSE
TYP 190 »HECKFLOSSE« (W110) 1961-1965
YP 200 »HECKFLOSSE« (W110) 1965-1968

Dem Vierzylinder-Ponton der 50er-Jahre folgten in der Oberen Mittelklasse die »Heckflossen«-Modelle, weiterhin ausgestattet mit Reihenvierzylindern. Das Debüt der neuen Karosserieform war kurz vorher in der Oberklasse mit der Sechszylinder-Ausführung erfolgt, die äußerlich fast identisch war. Auffälligstes Erkennungsmerkmal der neuen 190c »Heckflosse" (W110) gegenüber dem Oberklässler waren die runden statt der vertikal betonten Scheinwerfer. Zudem hatte der 190er wegen der fehlenden zwei Zylinder einen kürzeren Vorbau sowie die von den »Ponton«-Typen übernommenen Blinkleuchten am hinteren Ende der Vorderkotflügel. Radaufhängungen und Bremsen des Typ 190 entsprachen denen des sechszylindrigen 220b, nur der Radstand war um 50 mm kleiner. 130.554 Einheiten des 190 entstanden bis 1965, wobei der Diesel (190 Dc) gefragter war – 225.000 Exemplare entstanden innerhalb der W110-Reihe.

Dieser 2,0-L-Selbstzünder war eine echte Neuerung. Man hatte ihn aus dem bisherigen 1,9-L-Aggregat des Vorgängermodells weiterentwickelt. Um 5 PS stärker, kam er auf 55 PS. Ab Juli 1963 gab's den Diesel sogar mit Vierstufen-Automatik (beim Benziner bereits ab August 1962).

Wie bei den Vierzylinder-Modellen der Oberen Mittelklasse-Baureihe traditionell üblich, waren auch die Typen der Baureihe 110 als Fahrgestelle mit Teilkarosserie lieferbar, die von Aufbauherstellern im In- und Ausland zu Krankenwagen, Kombiwagen oder anderen Sonderausführungen ausgebaut wurden. Einen hohen Verbreitungsgrad erreichten vor allem die Krankenwagen-Aufbauten der Firmen Binz in Lorch und Miesen in Bonn.
Als im August 1965 die Oberklasse-Reihe W108 herauskam, überarbeitete man die erst seit vier Jahren produzierten Vierzylinder-Modelle: 200 und 200D traten die Nachfolge des 190 und 190D an. Die Karosserien erfuhren indes nur Detailänderungen (kombinierte Blink-, Park- und Nebelleuchten unterhalb der Scheinwerfer statt der Blinker auf den Kotflügeln; neue Rückleuchten, Entlüftungsöffnungen in der C-Säule; durchgehender Chromstreifen als Abschluss des Kofferraumdeckels und je eine Zierleiste unterhalb der Heckleuchten). Viel wichtiger. Der Otto-Motor war auf 2,0 Liter aufgebohrt und mit zwei Vergasern versehen worden, seine Leistung stieg um 15 PS – und er geriet deutlich laufruhiger.

Der 200D behielt den bisherigen Motor, Änderungen am Fahrzeug betrafen Details. Neben dem normalen Fahrgestell mit Teilkarosserie war auch eine verlängerte Variante mit einem Radstand von 3.100 mm erhältlich, die bevorzugt für Krankenwagen oder Bestattungswagen verwendet wurde. Außerdem gab es von IMA eine Kombiwagen-Variante. Ab April 1967 wurde der Typ »200D lang« (V110) als 7-8 sitzige Limousine mit 3.350 mm Radstand angeboten. Die neue Version hatte im Fond vor der normalen Rückbank eine geteilte Klappsitzbank, die drei Personen Platz bot.

Typ 190Dc Universal von der belgischen Firma IMA

Mercedes-Benz Typ 190D mit Miesen-Aufbau

DAIMLER-BENZ

1960 - 1980

In den 60er und 70er Jahren markierten die Stuttgarter unangefochten die Spitze der deutschen Automobilindustrie. Sie offerierten hubraumstarke Luxusliner, Sportwagen sowie Modelle der Oberen Mittelklasse und deren zweitürige und Kombi-Ableger. Nur Einstiegsmodelle gab es noch nicht.

Mercedes-Benz 190 Heckflosse der Baureihe W110 – zum Verwechseln ähnlich den Sechszylindermodellen der Baureihe W111

Mercedes-Benz Typ 200D

Typ 200D mit langem Radstand für Fluggesellschaften, Hotels und andere gewerbliche Nutzer Foto: Kittler

Krankenwagen von Miesen mit langem Radstand

Typ 240D bzw. 230.6 Lang Achtsitzer-Limousine (ab 1968), eingesetzt wiederum von Reiseunternehmen und Behörden

Mercedes-Benz-Typen der Baureihe W114/W115 (vorn ein 240D). Größte technische Errungenschaft des Strich 8 war die neue »Diagonal-Pendelachse« – eine das Fahrverhalten deutlich verbessernde Schräglenker-Hinterachse

OBERE MITTELKLASSE

TYP 200 BIS 280 »STRICH 8« (W115/116) 1967-1976

NNachfolger der Vierzylinder-Heckflosse war der »Strich 8« – so benannt nach dem Erscheinungs-Modelljahr 1968. Die anfängliche Modellpalette reichte vom 200D mit 55-PS-Vierzylinder-Diesel (aus der Heckflosse) bis zum Typ 250 mit 130-PS-Sechszylinder-Vergasermotor.
Die Vierzylinder liefen als Baureihe W115, dazu kamen im April 1972 die Sechszylinder-Typen 280 und 280E (W114), beide mit neuem 2,8-L-dohc-Sechszylinder (Vergaserversion 160 PS; Einspritzer 185 PS). Neben dem beim Typ 250 verwendeten Doppelstoßfänger vorn hatten nur sie einen bis zu den Radausschnitten reichenden hinteren Stoßfänger sowie zwei Auspuff-Endrohre. Mit Erscheinen des 280 und 280E wurde der Typ 250 nicht mehr mit dem bisherigen 2,5-L-Motor, sondern mit einem auf 130 PS gedrosselten 2,8-L-Aggregat ausgeliefert (aus dem 280S).

Im September 1973 erfuhr die gesamte Baureihe eine umfangreiche Modellpflege. Viele Details (vor allem Sicherheitsfeatures) aus den neuen SL- bzw. SLC-Typen und der S-Klasse kamen auch der kleineren Baureihe zugute. Der Typ 240D rundete die Diesel-Modellpalette nach oben ab. Im Juli 1974 wurde mit dem Typ 240D 3.0 der erste Fünfzylinder-Diesel-Pkw der Welt vorgestellt (3,0 Liter, 80 PS). Trotz Einführung der Nachfolge-Modellreihe W123 lief die Fertigung des Vorgängers noch rund ein Jahr parallel weiter.
Aufbauhersteller im In- und Ausland bauten auf Basis des Strich 8 Kranken- und Kombiwagen sowie Bestattungsfahrzeuge. Im Verkaufsprogramm waren auf normalem Radstand zunächst die Typen 220D, 220 und 230 sowie auf langem Radstand die Typen 220D und 230. Die Modellpflege im Herbst 1973 betraf auch die Fahrgestelle: Hier wurde der 220D durch den 240D und der 220 durch den 230.4 ersetzt. Der Sechszylinder-Typ 230 blieb als 230.6 in Produktion. Bekannt wurden besonders die Krankenwagen-Aufbauten der Firmen Binz (Lorch) und Miesen (Bonn). Zu den renommierten Herstellern von Bestattungswagen gehörten Pollmann (Bremen), Rappold (Wülfrath), Stolle (Hannover) und Welsch (Mayen).

Facelift-Version der Mercedes-Benz Typen 200, 200D, 230.4, 230.6, 220D, 240D, 240D 3.0

Exklusiver in puncto Stückzahl und Preis war die bereits im Dezember 1968 präsentierte Achtsitzer-Limousine mit 650 mm mehr Radstand und drei Sitzreihen, erhältlich als Typ 220D und 230 (V115), ab Herbst 1973 als 240D und 230.6 (V114). Insgesamt fast 10.000 Stück wurden produziert, mit einem um 78 % höheren Diesel-Anteil als bei den normalen Limousinen.

Coupé-Ausführung von 250C, 250CE, 280C und 280CE (W114)

Basierend auf dem Strich 8 hatten sich schon ab November 1968 Coupé-Versionen hinzugesellt. Sie behielten zwar den Radstand der Limousine, punkteten aber mit einem eigenständigen, geschlossenen Coupé-Aufbau. Eine Cabrio-Version gab es nie. Zunächst debütierten die Typen 250C und 250CE (C114). Damit war zum ersten Mal auch in der Mittelklasse-Baureihe eine Coupé-Version als exklusive Variante verfügbar. Es folgten ab 1971 das 280C und 280CE-Modell (Mehrpreis zur Limousine rund 2.000 Mark).

OBERE MITTELKLASSE
TYP 200 BIS 280E (W123) 1976-1985

Sofort zu erkennen war der im Januar 1976 lancierte Nachfolger der Strich 8-Reihe an seinen runden Doppelleuchten: Neben dem Hauptscheinwerfer saß ein Halogen-Nebelscheinwerfer. Abweichend davon verfügten 280 und 280E als Topmodelle der Baureihe über rechteckige Halogen-Breitbandscheinwerfer. Beide 2,8-L-Typen hatten zudem eine zweiflutige Auspuffanlage mit Zwillingsendrohren, verchromte Lufteinlassgitter vor der Frontscheibe und eine Chromleiste unter den Heckleuchten.

Technisch orientierte sich der W123 an der S-Klasse, viele Sicherheitsfeatures stammten von den Baureihen 107 und 116. Wichtigste Verbesserung war die noch stabilere Fahrgastzelle. Zudem hatte die Baureihe 123 jetzt eine Sicherheitslenksäule.Die Motoren stammten von den Vorgängern. Ausnahme war der Typ 250, der nicht mehr mit dem alten 2,8-L-Aggregat M130 ausgerüstet war, sondern einen neu konstruierten 2,5-L-Sechszylinder-Motor erhalten hatte. 1978 bis 1980 überarbeitete man die Motoren. Zunächst wurde im April 1978 die Leistung des 280E auf 185 PS erhöht; im August kam der 240D mit 72 PS. Im Februar 1979 erhielt der 200D 5 PS mehr, gleichzeitig fiel der 220D weg. Im September 1979 erstarkten auch der Fünfzylinder-Diesel des 300D und der Sechszylinder-Vergasermotor des 250.

Neun Monate später kamen ein Diesel und zwei Benziner neu ins Programm: Den aufgeladenen 3,0-L-Fünfzylinder-Diesel, seit zwei Jahren im S-Klasse Export-Modell 300SD, gab es nun auch in der 123er-Reihe (zunächst im T-Modell). Im August 1981 wurde der Turbodiesel in den USA in Limousine und Coupé angeboten. Zwei neue Benziner, ein 2,0-L-Vergasermotor mit 109 PS und ein 2,3-L-Einspritzer mit 136 PS, ersetzten die alten 2,0-L- und 2,3-L-Aggregate. Trotz einer Leistungssteigerung von 15 bzw. 25 % sank der Kraftstoffverbrauch um ca. 10 %.

Ab August 1980 war für alle 123er das ABS erhältlich, im Januar 1982 kam der Airbag hinzu (beides als Extra). Der 280 mit Vergasermotor wurde im Juli 1981 gestrichen. Im September 1982 erhielten alle 123er-Modelle im Rahmen eines Modellpflege-Pakets rechteckige Breitbandscheinwerfer von 280/280E, geänderte Windleitprofile an den A-Säulen sowie eine neue Innenausstattung. Außerdem gab's jetzt auch die Vierzylinder-Typen serienmäßig mit Servolenkung.

Auch die Baureihe 123 war als Fahrgestell mit Teilkarosserie lieferbar, die von Dritten beispielsweise zu Kranken- oder Kombiwagen ausgebaut wurden. Wie beim Vorgänger gab es eine verlängerte Version (als 240D, 300D und 250). Krankenwagen-Aufbauten auf diesen Fahrgestellen entstanden vornehmlich bei Binz in Lorch und Miesen in Bonn. Zu den Herstellern von Bestattungswagen auf W123-Basis gehörten Pollmann in Bremen, Rappold in Wülfrath, Stolle in Hannover und Welsch in Mayen. Ab August 1977 gab es die Typen 240D, 300D und 250 auch als 7/8-Sitzer-Limousinen mit langem Radstand. Die Produktion der Reihe 123 endete im November 1985. Von allen Karosserievarianten waren in zehn Produktionsjahren insgesamt knapp 2,7 Mio. Fahrzeuge entstanden, davon 2.375.440 Limousinen, 13.700 Limousinen mit langem Radstand und 8.373 Fahrgestelle für Sonderaufbauten.

Früher Mercedes-Benz der Baureihe W123 von 1976 mit runden Scheinwerfern (200, 200D, 220D, 230, 240D, 250 und 300D

Dieselangebot (200D, 220D, 240D und 300D) bei den 123er-Limousinen

Fans der Marke loben den grundsoliden, wie aus dem Vollen geschnitzten W123 als letzten Vertreter der konservativen Mercedes-Ära

Scheinwerfer-Vergleich im Debütjahr 1976: links Typ 280 (Vergasermotor, 156 PS), rechts Typ 200 (94 PS)

US-Ausführung des 300D Turbodiesel-Fünfzylinders mit 80/88 PS, Modelljahr 1981

Mercedes-Benz V123 Langversion 1977-1985

Mercedes-Benz 230TE, ab 1982

Mercedes-Benz 300TD Turbo mit dem 125 PS starken Motor aus dem S-Klasse Export-Modell 300SD

Baureihe 123 in seinen drei Ausführungen T-Modell, Limousine und Coupé, 1980

US-Version des nur dort erhältlichen 300CD mit dem nichtaufgeladenen Fünfzylinder-Diesel, 1981-1985

OBERE MITTELKLASSE

TYP 230 BIS 280 COUPÉ (C123) 1977-1985
UND TYP 230 BIS 300
TD-MODELL (S123) 1977-1985

Im Laufe des Jahre 1977 folgten der Limousine und den Langversionen bzw. den Sonderaufbauten zwei neue Karosserievarianten. Zunächst wurde im März ein schickes Coupé präsentiert, das als 230C, 280C und 280CE zu haben war. Mit Dieselmotor wurde es in Deutschland nie angeboten, wohl aber in den USA. Anders als zuvor beim Strich 8 ist der Radstand des 123er-Coupé gegenüber der Limousine von 2.795 auf 2.710 mm um knapp 100 mm verkürzt worden, was zu einer ausgewogeneren Linienführung beigetragen hat. Die sonstigen technischen Features sind im Wesentlichen identisch. Üppig geriet indes der Mehrpreis für die Zweitürer: Im Schnitt kosteten sie zwischen 3.500 und 6.000 Mark mehr als die Viertürer. Insgesamt entstanden 99.884 C123-Coupés.

Zudem wurden im September 1977 im Rahmen der IAA als vierte Aufbauvariante der Baureihe die T-Modelle vorgestellt. Erstmals wagte sich Daimler-Benz selbst an die Herstellung eines Kombinationskraftwagens, der aber eher in die lifestylige Ecke zielte und keineswegs als Handwerker-Kombi verstanden sein wollte. Datum bekam er die Bezeichnung »T« – das stand für »Touristik«. Und man schien ins Schwarze getroffen zu haben: Immerhin 199.517 jener schicken Fünftürer sind gebaut und abgesetzt worden. Und dies ungeachtet ihres stolzen Aufpreises von ca. 4.000 DM oberhalb der Limousine.
Der Kombi war mit 2,0-; 2,3- und 2,8-L-Benziner sowie mit 2,4- und 3,0-L-Diesel zu haben. Radstand und Außenabmessungen waren in etwa gleich mit der Limousine, mit Dachreling war das T-Modell 1.470 mm hoch. Natürlich wuchs das Kofferraumvolumen, zumal ließ sich optional eine rückwärtige Sitzgelegenheit für Kinder installieren. Neu waren vordere und hintere Gasdruck-Stoßdämpfer, auf Sonderwunsch wurde eine hydropneumatische Niveauregulierung verabreicht. Die zusätzliche Modellvariante lief unter der Bezeichnung S123.

Mercedes-Benz Typ 230CE Coupé, 1980-1985

DAIMLER-BENZ 1960-1980

OBERKLASSE
TYP 220 BIS 220SE »HECKFLOSSE« (W111) 1959-1965
TYP 300 SE »HECKFLOSSE« (W112) 1961-1965

Im August 1959 lösten die äußerlich fast identischen Typen 220b, 220 Sb und 220SEb der Reihe W111 die bisherigen »Ponton«-Oberklässler ab. Alle W111er-Triebwerke waren stärker als ihre Ponton-Vorgänger. Neu war die geräumige Karosserie mit dezenten Heckflösschen. Sie fanden sich sowohl bei den Modellen der Oberen Mittelklasse (190 und 200/Baureihe W110) als auch bei den 112er-Oberklassewagen. Letztere waren ca. 15 cm länger (Radstand 2.750 mm statt 2.700 mm).

Mercedes-Benz 300 SE mit 160 bzw. 170 PS. Damit waren bis 200 km/h möglich

Viel Sicherheit boten die »gestaltfesten« Fahrgastzelle mit Knautschzonen und der entschärfte Innenraum. 220Sb und 220SEb glänzten mit Chromzierrat (horizontaler Streifen beidseits der Kühlermaske, Lufteinlassgitter vor der Frontscheibe, Radzierblenden, Zierleisten am Heck) – beim 220b (W111/I) als Nachfolger des 219-Pontons fehlte dieser Schmuck.
Fahrwerk und Bremsanlage stammten prinzipiell von den Vorgängern. Alle drei Modelle erhielten eine Zweikreis-Bremsanlage. Bis 1962 lieferbar war der Kupplungsautomat »Hydrak«. Ein Vierstufen-Automatikgetriebe eigener Produktion hatte es bereits ab April 1961 im 220SEb gegeben.

Im August 62 erschien das neue Spitzenmodell 300SE (Baureihe W112), das bis 1965 lief. Es sah aus wie der 220SEb, hatte das gleiche Technikkonzept – aber mehr Chrom und Technik: Vierstufen-Automatik, Servolenkung, Luftfederung und vier Scheibenbremsen. Dazu ein 3,0-L-Einspritzmotor, basierend auf dem Triebwerk des 300d-Adenauers mit 160, ab Januar 1964 mit 170 PS. Ab 1963 wurde eine Langversion (SEL) mit um 100 mm längerem Radstand angeboten. Optional gab es den 300SE lang mit Trennwand und elektrisch bedienbarer Zwischenscheibe. Normal- und Lang-300SE waren auch mit Viergang-Schaltgetriebe zu haben (Minderpreis1.400 Mark).

Auch Kombi- und Sonderaufbauten waren lieferbar – beispielsweise der »230S« vom belgischen Karossier IMA. Jener W111/1A basierte auf der Vierzylinder-Heckflosse (W110), verfügte aber über einen 2,3-L-Sechszylinder. Neu war die Niveau-regulierende, hydropneumatische Ausgleichfeder an der Hinterachse statt der bisherigen Schraubenfeder. Äußerlich waren 230S und der vorherige 220Sb kaum zu unterscheiden. Bis zur Produktionseinstellung im Januar 1968 wurden vom 230er immerhin noch 41.107 Einheiten jener Version gebaut, davon 341 Fahrgestelle für Sonderaufbauten.

Mercedes-Benz 230S Universal vom belgischen Karossier IMA, der ab August 1966 über die Daimler-Benz Verkaufsorganisation vertrieben wurde.

Die »echte« Oberklasse-Heckflosse (W111/112) war nur bis Sommer 1965 gelaufen, um dann vom W108 abgelöst zu werden. 66.000 der insgesamt 344.751 W111er waren übrigens 220SEb-Modelle.
Heute fast vergessen, dass die große Heckflosse auch erfolgreich im Rallye-Motorsport unterwegs war, während Daimler-Benz in den großen Klassen des Rennsports weiterhin Abstinenz wahrte.

Der Mercedes-Benz 300 SE fasste 610 Liter Gepäckvolumen – gleiches galt natürlich auch für die hubraumkleineren Modelle

Mercedes-Benz 220SE von 1967 mit der damals noch verwendeten »Einheitskarosse« ähnlich jener der Vierzylindermodelle

Ewy Rosqvist/Ursula Wirth erfolgreich unterwegs bei der RMC 1963 auf ihrem Mercedes-Benz 220SE

280SE 3.5 Cabriolet (W 111/E35-1) mit Flachkühler von 1971. Sein laufruhiges Aggregat ermöglichte Sportwagen-gemäße Fahrleistungen

Mercedes-Benz 220SE »Hochkühler« Cabriolet von 1963

Vergleich Flach- und Hochkühler, ersterer 1969-1971 (hier rechts als 280SE 3.5). Links ein 280SE Coupé (ab 1968). Manche Enthusiasten weinten dem steil im Wind stehenden Hochkühler hinterher

W111er-Cabrio 250 (»Hochkühler«), 1965-1967

OBERKLASSE
TYP 220SE, 250SE, 280SE UND 280SE 3.5 »HECKFLOSSE« COUPÉ UND CABRIO (W111) 1961-1965 / 1965-1967 / 1968-1971 / 1969-1971
TYP 300SE »HECKFLOSSE« COUPÉ UND CABRIO (W112) 1962-1965 / 1965-1967)

Eleganteste Ableger der Oberklasse-Heckflosse waren die Coupés ab 1961 und die etwas später nachgereichten Cabriolets. Sie nutzten die 111er-Basis, aber nur angedeutete Heckflossen, große Panorama-Frontscheiben und aufrechte Rechteckleuchten (Exportmodelle mit separaten Rundscheinwerfer). Cabriolet (1.520 kg) und Coupé (1.450 kg) blieben beim Radstand der Limousine (2.750 mm). Preislich lagen die Zwei- weit vor den Viertürern: So kostete das Cabrio ca. 70 % mehr als die Limousine.

Zwischen 1961 bis 1965 offeriert wurden die Typen 220SEb Cabrio und Coupé (W111/III), von denen insgesamt 16.902 Exemplare entstanden. Die Karosserie hatte man mit zusätzlichen Zierelementen und mit Technikfeatures des folgenden 300 SE versehen. Von Anfang 1962 bis Ende 1967 kamen 3.127 Einheiten des besagten, noch nobleren Mercedes-Benz 300SE Cabrio und Coupé (W112/III) hinzu. Sie hatten einen 3,0-L-Leichtmetall-Motor, Vierstufen-Automatik, Servolenkung, Luftfederung sowie Scheibenbremsen (Zweikreis). Dazu gab's reichlich Chromschmuck. Im Januar 1964 wurde die Motorleistung auf 170 PS erhöht (Einspritzanlage mit Sechsstempelpumpe). Im Sommer 1965 verstärkte Hinterachse und Bremskraftverstärker.

1965 kam zwar das neue Oberklassemodell W108 heraus, aber Daimler-Benz hielt an den Zweitürern der Baureihen W111/112 in der bisherigen Karosserieform fest. Neuerungen der neuen Limousinen kamen aber auch Coupé und Cabriolet zugute. Das bisherige 2,2-L-Modell erhielt den 150 PS starken 2,5-L-Motor des 250 SE – und die entsprechende Typenbezeichnung. Und genau wie bei den 3,0-L-Modellen kamen 14 Zoll-Räder und größere Scheibenbremsen aus der Baureihe 108. Neu war außerdem die hydropneumatische Ausgleichfeder an der Hinterachse (statt Schraubenfeder).

Der 250SE lief bis 1967, gefolgt vom 280SE (1967-1971) mit neu entwickeltem 2,8-L-Motor. Ansonsten spendierte man Coupé und Cabriolet nur Detailänderungen, beispielsweise flache einteilige Radzierblenden mit integrierter Radkappe. Zum gleichen Zeitpunkt wie die 2,5-L-Modelle wurden auch die Typen 300 SE Coupé und Cabriolet ersatzlos aus dem Programm gestrichen. Abgeleitet vom Typ 280SE wurde der 200 PS starke 280SE 3.5 mit V8-Motor (4.502 Exemplare zwischen 1969 und 1971).
Die neuen Modelle ab 1969 – auch die sechszylindrigen 280SE – präsentierten sich stilistisch verändert: mit niedriger, breiterer Kühlermaske (»Flachkühler«) und abgeflachter Motorhaube. Im Mai 1971 endete die Produktion der 2,8-L-Coupés und -Cabrios, im Juli die des 280 SE 3.5. Insgesamt waren in Sindelfingen 28.918 Coupés und 7.013 Cabrios entstanden – davon 1.232 Exemplare des 280SE 3.5 Cabrios.

Mercedes-Benz 220SEb Coupé (W111), 1961-1965

DAIMLER-BENZ 1960-1980

OBERKLASSE
TYP 250 BIS 300SEL 6.3 (W108/109) 1965-1973

Nachfolger der »Heckflossen«-Oberklasse waren die im August 1965 präsentierten W108-Typen 250S, 250SE und 300SE (Design:Paul Bracq). Das technische Konzept der neuen entsprach weitgehend dem der Vorgänger. Neu waren die beiden 2,5-L-Motoren, die auf den bisherigen 2,2-Litern basierten. Serienmäßig waren größere 14-Zöller und eine Hinterachse mit Niveau-Regulierung. Der 250S mit Vergasermotor wurde übrigens häufiger gekauft als die 1.600 Mark teurere Einspritzer-Version.
Ausgestattet mit dem 3,0-L-Triebwerk des 300d Adenauer erreichte der 300SE respektable Fahrleistungen. Serienmäßig gab's ein Viergang-Schaltgetriebe; optional eine Vierstufen-Automatik. Die Karosserie des Spitzen-W108 unterschied sich kaum von der des 250S. Im Gegensatz zum Vorgänger war der neue 300SE nicht mit Luftfederung ausgerüstet – die gab es erst ab März 1966 mit der 300er-Langversion. Dafür hatte der 300SE, wie auch die beiden 2,5-L-Typen, eine hydropneumatische Ausgleichfeder an der Hinterachse anstelle der bisherigen Schraubenfeder für die Niveauregulierung.

Die Typen 250SE und 300SE liefen bis Anfang 1968. Nachfolger ab Januar waren 280S und 280SE. Der neue 2,8-L-Sechszylinder leistete 140 PS (zwei Register-Fallstromvergaser) oder 160 PS (Benzineinspritzung). Eine leistungsgesteigerte Version des Einspritzmotors mit 170 PS wurde nicht nur in den 280SL eingebaut, sondern kam – ebenfalls ab Januar 1968 – auch in den 300SEL (Baureihe W109), wo er den bisherigen 3,0-L-Leichtmetall-Motor ersetzte. Über 93.000 Kunden entschieden sich für die 17.000 Mark teure Vergaser-Ausführung, fast genauso viele orderten den Einspritzer.
Im März 1966 wurde die Palette um den Typ 300SEL mit 2,8-L-V8, Luftfederung und 100 mm mehr Radstand erweitert. Der Raumgewinn kam dem hinteren Fußraum zugute. Im Herbst 1969 ersetzte der 300SEL 3.5 den 300 SEL. Den Antrieb besorgte ein völlig neuer V8 mit 3,5 Liter und 200 PS. Ab März 1971 gab's diesen Motor auch in 280SE 3.5 und 280SEL 3.5, beide mit konventioneller Stahlfederung. Der 280SE mit Sechszylinder war weiterhin erhältlich, während der 280SEL zugunsten des V8-Modells verschwand.

Spitzenmodell war ab März 1968 der Typ 300SEL 6.3 (W109 E63), der über den 250-PS-V8-Motor und die Automatik des 600er-Mercedes verfügte. Von außen war der 6.3 an den breiteren Reifen, den Halogen-Doppelscheinwerfern und den Weitstrahlern zu erkennen. Obwohl er über 10.000 Mark mehr kostete als ein »normaler« 300SEL und mehr als doppelt so teuer war wie der 280SE, war der 300SEL 6.3 mit 6.526 Einheiten ein Erfolg. Die Fertigung der Reihe W 108/109 endete im September 1972.
Als Sonderversionen entstanden 1966/67 und 1967 in Sindelfingen zwei Papstmobile auf Basis des 300SEL – ein Landaulet und eine um 650 mm verlängerte Limousine. Dazu kamen sondergeschützte Typ 280SEL 3.5 (28 Exemplare zwischen Mai 1971 und September 1972). Erwähnenswert auch die im Motorsport eingesetzten W108/109 wie der 300SEL 6.8 (»Rote Sau«) mit ca. 360 PS.

Typ 300SEL-Landaulet von 1966 (serienmäßiger Radstand), der als Einzelstück an den Vatikan ging

Typ 280SEL 3.5 Limousine mit Sonderschutz-Panzerung

Mercedes-Benz 300SEL 6.3 von 1968 als Krönung der Baureihe. Er erreichte das Leistungspotenzial hochkarätiger Sportwagen

Mercedes-Benz 280SEL von 1970 für den wichtigen US-Markt

Mercedes-Benz 300SEL 6.3 beim 6-Stunden-Rennen von Macau im Mai 1968, wo Waxenberger/Poon siegten

Typ 300SEL6.8 AMG-Rennfahrzeug, eine Werksreplika des Siegerfahrzeugs der 24 Stunden von Spa 1971. Dort errang die »Rote Sau« den Klassensieg und wurde Zweiter im Gesamtranking

Als »bestes Auto der Welt« überzeugte die 116er-Raihe mit zahllosen überzeugenden Details

Mercedes-Benz 300SD, der nur in Nordamerika zu haben war, 1978-1980 . Damit hielt man die neuen Verbrauchsgrenzwerte ein

Der neue Spitzen-Achtzylinder von Mercedes-Benz auf der IAA 1973. Im Hintergrund Showexponate zur Illustration des hohen Sicherheitsniveaus

Gepanzerte Sonderschutzvariante Typ 350SEL bzw. 450SEL

Mercedes-Benz 450SEL 6.9 bei einer ABS-Demonstration

Typ 450SEL Kombiwagen von Karossier Crayford

OBERKLASSE
TYP 280 BIS 450SEL »S-KLASSE« (W116) 1972-1980

Die erstmals offiziell so genannte »Mercedes-Benz S-Klasse« (Baureihe W116) ab September 1972 startete mit 280S, 280SE und 350SE. Ein halbes Jahr später wurde die Limousine, parallel zu 450SL/450SLC, mit 4,5-L-V8 angeboten – auch als 450SEL mit 100 mm mehr Radstand (Langversion ab November 1973 auch als 350SEL, ab April 1974 als 280SEL).

Erstmals bei den 116ern in Serie realisiert war die beim C111 erprobte Doppelquerlenker-Vorderradaufhängung mit Lenkrollradius 0 und Bremsnick-Abstützung. Die Hinterrad-Aufhängung entsprach der »Strich 8«-Konstruktion, wie sie auch im 350SL saß. Alle beim 350SL realisierten Sicherheitsdetails kamen den S-Klasse-Limousinen zugute: Kraftstofftank kollisionsgeschützt über der Hinterachse; gepolsterter Instrumententafel, deformierbar oder versenkt angeordnete Schalter und Hebel sowie Vierspeichen-Sicherheitslenkrad. Die Fahrgastzelle verfügte über eine versteifte Dachrahmen-Struktur, hochfesten Dachpfosten und Türsäulen sowie verstärkten Türen. Gute Sichtverhältnisse garantierten Windleitprofile an den A-Säulen, die bei Regen die Seitenscheiben sauber hielten. Dazu gab's weit herumgezogen, auch seitlich gut sichtbaren Blinker sowie großflächige Heckleuchten, die dank ihres gerippten Profils weniger verschmutzten.

Als Nachfolger des 300SEL 6.3 wurde im Mai 1975 der Typ 450SEL 6.9 präsentiert. Sein leistungsstarker 6,9-L-V8, entwickelt aus dem 6,3-L-Aggregat, erreichte 286 PS und ein maximales Drehmoment von 550 Nm. Höchsten Fahrkomfort gewährleistete die erstmals bei einem Mercedes-Benz-Pkw eingesetzte hydropneumatische Federung mit Niveauregulierung. Weitere serienmäßige Sonderausstattungen waren Zentralverriegelung, Klimaanlage und Scheinwerfer-Waschanlage. Wie sein direkter Vorgänger war der 450SEL 6.9 sofort ein voller Erfolg. Obwohl er mehr als doppelt so teuer war wie ein 350SE, wurden binnen gut vier Jahren 7.380 Exemplare gebaut.

Zwischen November 1975 und Februar 1976 wurde wegen schärferer Emissionsschutzgesetze die Einspritzanlage der 2,8-L-, 3,5-L- und 4,5-L-Einspritzmotoren umgestellt. Von der elektronisch geregelten Bosch D-Jetronic wechselte man zur mechanisch geregelten Bosch K-Jetronic (geringfügige Leistungseinbußen). Zur Wartungserleichterung erhielten die beiden V8-Motoren eine kontaktlose Transistorzündung und hydraulischen Ventilspiel-Ausgleich. Gut zwei Jahre später stand dank konstruktiver Feinarbeit die ursprüngliche Leistung der drei Einspritzer-Modellen wieder zur Verfügung.

Im Mai 1978 wurde die 116er-Modellpalette um den Typ 300SD mit 115 PS starkem 3,0-L-Fünfzylinder-Diesel und Turbolader erweitert. Eine weltweit in der S-Klasse angebotene Innovation war das ab Herbst 1978 angebotene ABS. Weiter optimiert wurden die insgesamt 292 V8-Sonderschutz-Ausführungen (350SE, 350SEL, 450SE und 450SEL). Obwohl die nachfolgende S-Klasse W126 zur IAA 1979 gezeigt worden war, lief die 116er-Reihe erst zwischen April und September 1980 aus. Als letztes von insgesamt 473.035 gebauten Exemplaren dieser Modellreihe passierte ein Typ 300SD die Endabnahme in Sindelfingen. Bei freien Karossiers entstanden zudem vereinzelt Umbauten – vor allem Kombiwagen.

DAIMLER-BENZ 1960-1980

LUXUSKLASSE
TYP 600 (W100) 1964-1981

Die 1962 beendete 300er-»Adenauer«-Reihe blieb zunächst ohne Nachfolger. Auf der IAA 1963 folgte dann das »beste Auto der Welt«: der nagelneue 600er der Baureihe W100, der erst ein Jahr später in Produktion ging – mit einem hohen Manufakturanteil. Die Verkaufspreise kletterten beim »normalen« 600er von 56.500 (1964) auf 144.100 DM (1978), danach gab es keine verbindlichen Listenpreise mehr... Während der 17jährigen Produktionszeit entstanden in Sindelfingen bis 1981 insgesamt 2.677 Fahrzeuge – davon 429 Pullman-Limousinen und 59 Landaulets. Ein Drittel der Produktion ging übrigens nach Nordamerika.

Das schnörkellos gezeichnete Fahrzeug bot tatsächlich rundherum Innovationen bis zum Abwinken. Der 600 mit »normalem« Radstand (3.200 mm) war quasi das Volumenmodell der 1963 vorgestellten Baureihe. Erstmals bei Daimler-Benz kam ein 250 PS starker, 6,3 Liter großer V8 mit Saugrohr-Einspritzung zum Einsatz, ein Automatikgetriebe gab's serienmäßig. Für größtmögliche Fahrsicherheit sorgten die während der Fahrt verstellbaren Stoßdämpfer sowie das Zweikreis-Bremssystem mit Luftdruck-Unterstützung. Alle Räder hatten Scheibenbremsen, wobei die Vorderräder mit je zwei Bremszangen ausgerüstet waren. Zur reichhaltigen Grundausstattung gehörten Luftfederung, Servolenkung und Zentralverriegelung sowie eine elektronisch geregelte Heizungs- und Lüftungsanlage.

Fast jeder Wunsch war erfüllbar. Allein 44 Mercedes-Benz 600 wurden gepanzert ausgeliefert (Mehrgewicht 2.255 kg), dazu kamen die verschiedensten Pullman-Ausführungen einschließlich ungewöhnlicher Pullman-Landaulets (Radstand 3.900 mm). Was nicht verwundert, ging der 600er doch an nahezu alle Potentaten der Welt (auch im Ostblock) und natürlich auch an den Papst. Künstler jeder Coleur nannten den Mercedes-Benz 600 ihr eigen, darunter spezielle Versionen für Beatle John Lennon oder für Elvis Presly. Selbst eine Coupé-Version entstand, ging aber nie an Kunden. Ernstzunehmende eigenständige 600-Schöpfungen.gab es nicht, selbst Pininfarina nahm Abstand davon. Aber der deutsch-amerikanische Mercedes-Sammler Karl Middelhauve und der ehemalige Chefdesigner Paul Bracq kreierten in den 2000ern zwei skurrile Pickup-Versionen (Benzomino und El Benzo), denen natürlich keinerlei kommerzielle Absicht zugrunde lag.

Offiziell angeboten wurden insgesamt drei sieben- bis achtsitzige Pullman-Varianten mit ca. 6,30 m Außenlänge: eine viertürige Pullman-Limousine mit Fondsitzen in vis-à-vis-Anordnung, eine sechstürige Pullman-Limousine mit Sitzbank im Fond und zusätzlichen Klappsitzen sowie ein Pullman-Landaulet. Letzteres war wiederum in vier Ausführungen erhältlich: Die Standard-Version hatte vier Türen, Fondsitze in vis-à-vis-Anordnung und ein Verdeck bis zur Vorderkante der Fondtüren. Als Sonderausführung war eine sechstürige Version mit Sitzbank im Fond und zusätzlichen Klappsitzen verfügbar. Bei dieser Variante gab es die mittleren Türen auf Wunsch auch ohne Türgriffe. Beide Landaulets wurden auf Sonderwunsch mit einem langen Verdeck ausgerüstet, das bis zur Mittelwand reichte.

Mercedes-Benz 600er mit normalem oder langem Radstand im Vergleich zur Heckflosse (W110)

Mercedes-Benz 600 Pullman Limousine mit dem 6,3-L-V8, dem ersten modernen Mercedes-Motor der Nachkriegszeit

Mercedes-Benz Typ 600 Coupé-Werksumbau, 1965 (Unikat)

Die zwei von Paul Bracq beeinflussten, nachträglich entstandenen Pickup-Umbauten auf Basis des Typ 600 Foto: Blaube

Mercedes-Benz 600 Pullman Landaulet, viertürig, ab 1965

US-Ausführung des 600ers, wie sie an Elvis Presley geliefert wurde (Concours d'Elegance Schwetzingen) Foto: Kittler

Typ 230SL auf der Einfahrbahn von Mercedes-Benz

Mercedes-Benz 230SL »Pagode« auf der IAA 1963

Pininfarina-Kreation auf Basis des 230SL von 1964

Mercedes-Benz 250SL, 1967-1968. Der lichte Dachpavillon verbesserte die Stabilität des Wagens

Typ 280 SL, 1968-1971. Optional gab es hinten einen Querseitz

SPORTWAGEN
TYP 230 BIS 280SL »PAGODE« (W113) 1963-1971

Als Nachfolger gleich zweier SL-Modelle, nämlich des 190SL und 300SL, trat ab März 1963 der neue 230SL an. Ein überaus hehrer Anspruch, der angesichts der sehr unterschiedlichen Konzepte nicht wirklich ernst gemeint gewesen sein konnte. Das machte den Neuen zum Zwitter, aber dafür erledigte er seine Sache den Umständen entsprechend gut.

Es handelte sich um einen komfortablen, durchaus schnellen, vor allem aber sicheren Zweisitzer. Seine Form stammte vom französischen Nachwuchsdesigner Paul Braq; verantwortlicher für die Formgebung war Friedrich Geiger. Ein harter Roadster war er nicht, aber eben auch kein belächelter Boulevard-Racer. Wie sportiv er sein konnte, bewies der erfolgreiche Einsatz eines Vorserienmodells beim Langstrecken-Rennen Spa-Sofia-Lüttich im Jahr 1963, den Eugen Böhringer/Klaus Kaiser überlegen gewannen.
Der Radstand von 2.400 mm entsprach dem des vierzylindrigen 190SL. Der neue SL nutzte die verkürzte, verstärkte Rahmen-/Boden-Anlage der W111-Heckflossen-Limousinen einschließlich Vorder- und Hinterradaufhängung. Sein technisches Konzept entsprach weitgehend dem 220SE, von dem auch der leicht vergrößerte 230-Motor (150 PS) stammte. Neben dem Viergang-Schaltgetriebe konnte man auch eine Automatik ordern; ab Mai 1966 gab es ein Fünfgang-Schaltgetriebe. Als erster Sportwagen hatte der SL eine Sicherheitskarosse mit steifer Fahrgastzelle und verformbarer Front- und Heckpartie. Und er verfügte über ein abnehmbares Dach, dessen konkave Form an eine Pagode erinnerte – daraus resultiert der Spitzname des Autos.
Geliefert wurde der 230SL – wie seine Vorgänger – als Roadster mit Klappverdeck, als Coupé mit abnehmbarem Dach sowie als Coupé mit abnehmbarem Hardtop plus Roadsterverdeck. Alle drei Versionen ließen sich optional mit einem Quersitz hinten ordern.
Den 230SL löste Anfang 1967 der 250SL ab. Äußerlich waren sie nahezu identisch, neu waren der Drehmoment-stärkere 150 PS-Motor und eine optimierte Bremsanlage (nun auch hintere Scheibenbremsen). Zusätzlich gab es nun eine Coupé-Version mit hinterer Rückbank (»California-Ausführung«), wobei der notwendige Platz durch den Wegfall von Roadsterverdeck und Verdeckkasten geschaffen wurde.

Dem 250SL folgte ein Jahr später der 280SL. Sein um 10 PS leistungsgesteigerter 2,8-Liter stammte vom 280SE und kam so auf 170 PS. Äußerlich war der 280SL, abgesehen vom Typenschild, nur an den geänderten Radzierblenden von seinen beiden Vorgängermodellen zu unterscheiden. Im März 1971 endete die Fertigung – bis dahin wurden 48.912 Exemplare produziert.
Nur als Einzelstück war 1964 bei Pininfarina ein von Tom Tjaarda geformtes Coupé mit großer Heckscheibe entstanden, das vom Verleger Axel C. Springer übernommen wurde (der dann einen 250SE-Motor einbauen ließ). Auch ein Versuchsfahrzeug mit einem 203 PS starken Dreischeiben-Wankel ist als Unikat aufgebaut worden.

Erfolgreicher Rennsporteinsatz im August 1963 bei der Langstreckenprüfung Spa-Sofia-Lüttich mit dem damals taufrischen 230SL, gefahren vom siegreichen Team Eugen Böhringer/Klaus Kaiser

DAIMLER-BENZ 1960-1980

SPORTWAGEN
TYP C111 (FORSCHUNGSWAGEN/ PROTOTYP) 1969-1979

Daimler-Benz arbeitete insgeheim weiter an einem überzeugenden, zukunftsweisenden Sportwagen. 1966 erstellten Designer um Bruno Sacco einen rundlichen Prototypen namens SLX, der aber nur als Modell umgesetzt wurde. Dafür wurde dann 1969 auf der IAA ein sensationell auftretendes Experimentalfahrzeug präsentiert. Das in Orange-Metallic lackierte »Rollende Versuchslabor", so die offizielle Umschreibung, verfügte über eine glasfaserverstärkte Kunststoff-Karosserie in extremer Keilform, Flügeltüren à la 300SL und einen 280 PS starken Dreischeiben-Kreiskolbenmotor. Das Ganze saß auf einer konventionellen Rahmen-/Boden-Anlage. Als Höchstgeschwindigkeit wurden 270 km/h versprochen.

C111-I mit Klappscheinwerfern und Fügeltüren von 1969

Sechs Monate später stellte man in Genf eine gründlich überarbeitete, kundengerechtere Version des Experimentalfahrzeugs (C111-II) vor – mit besseren Sichtverhältnissen und mehr Gepäckraum. Die Karosserie war zur Verringerung des Auftriebs an der Vorderachse und zur Verbesserung der Kühlung vollständig überarbeitet worden. Den Antrieb besorgte nun ein Vierscheiben-Wankel mit 350 PS. 290 bis 300 km/h wurden versprochen – und die Kundschaft war kaum noch zu halten, aber letztlich entschied der Vorstand, den insgesamt 15-mal gebauten Zweisitzer nicht in Serie zu überführen.

Man beschloss stattdessen, den C111 nur noch als Versuchsträger zu nutzen und experimentierte als Nächstes mit Dieselmotoren (Ölkrise 1973!). Dafür wurde der C111-II mit dem 3,0-L-Fünfzylinder-Turbodieselmotor OM617 mit 190 PS ausgestattet. Er brach am 12. Juni 1976 in Nardo diverse Geschwindigkeits- und Beschleunigungsrekorde für Dieselmotoren. Nach dem Muster interner Versuchsmuster mit Benziner-V8 wurde 2014 ein 1970er C111-II mit mittschiffs installiertem M116 mit 200 PS repliziert.

Nachdem es um den Kreiskolbenmotor still wurde und sich nahezu alle Lizenznehmer von dem Technikkonzept verabschiedet hatten, setzte der C111-III nur noch auf den 3,0-Liter-Fünfzylinder-Turbodiesel. Eine weiter modifizierte, mit 190 bis 230 PS noch stärkere Version mit einem cW-Wert von 0,183 erreichte 1978 in Nardo die 320-km/h-Marke und erzielte dort während zwölf Stunden einen Schnitt von 316 km/h.
Im Mai 1979 war schließlich der Rekordwagen C111-IV mit dem auf 4,8 Liter vergrößerten Serien-V8-Benziner (M117) und zwei Turboladern eingesetzt worden – seine Leistung lag bei 500 PS. Erreicht wurde damit ein Rundenrekord von 403,978 km/h.

C111-II mit Vierscheiben-Wankel und als Unikat mit V8-Benziner

Die bei der Badischen Waggonfabrik in Rastatt aufgebauten C111-IV-Rekordfahrzeuge von 1978 und 1979 waren aber im Prinzip komplette Neukreationen auf der 1969er Bodengruppe. Der Radstand war um 100 mm vergrößert und die Spurweiten um 150/100 mm reduziert worden. Vollkommen neugestaltet waren die nunmehr silbern lackierten, aerodynamisch optimierten Karosserien. Die damals erzielten Rundstrecken-Weltrekorde gelten noch heute.

C111-IV mit V8-Rekordtriebwerk für die Rekordversuche 1979

Frühe Mercedes-Benz C111-Ausführungen: Erprobungsfahrzeug »Hobel« (hinten), C111-I von 1969 (links) und C111-II von 1970

C111-III bei ersten Testfahrten in Nardo im Oktober 1977 (frühes Heck mit Doppelflosse, cW-Wert knapp unter 0,2)

C111-III in finaler Form mit Turbodiesel vor der Hinterachse

280, 380 und 500SL der Mer-
Typenreihe R107 nach der Mo-
lüberarbeitung 1985. Im Fond gab
optional zwei Notsitze statt der se-
enmäßigen Gepäckablage. Die Sitze wa-
von Anfang an mit Kopfstützen und Automa-
Sicherheitsgurten lieferbar

Mercedes-Benz Typ 450SL in der Version bis 1980, das meistgebaute Modell der Baureihe (mit Pagoden-förmigen abnehmbarem Hardtop)

Mercedes-Benz 450SL US-Version

Der 560SL ging voll ausgestattet gut vor allem in die USA

350SL von Felix Wankel, der auf einem 320 PS starken Vierscheiben-Kreiskolbenmotor mit Benzin-Direkteinspritzung umgerüstet wurde (Exponat im Technoseum Mannheim) Foto: Kittler

SPORTWAGEN

TYP 280 BIS 500SL (R107) 1971-1989

Technisch war der SL neu, aber eng verwandt mit der »Strich 8«-Limousine – mit deren Vorder- und Hinterrad-Aufhängung und mit einem 200-PS-V8 aus dem Typ 280SE 3.5 (W108). Der Neue war – ähnlich wie die S-Klasse W116 (vgl. S. 103) – mit innovativen Details zur aktiven und passiven Sicherheit ausgestattet.

Ein halbes Jahr nach dem Debüt des 350SL im Frühjahr 1971 präsentierte sich in Paris das viersitzige Coupé-Schwestermodell 350SLC (S. 112). Ab April 1973 waren Roadster und Coupé auch mit 4,5-L-V8 (225 PS) zu haben. In einer den US-Abgasgesetzen entsprechenden 195-PS-Version kam dieser Motor seit Juli 1971 in der Exportvariante des 350SL zum Einsatz. Ab Juli 1974 gab es als Einstiegsmotorisierung auch den 2,8-L-dohc-Einspritz-Sechszylinder (bekannt aus Strich 8 und S-Klasse). Damit gab es parallel drei verschieden motorisierte SL-Modelle. Zwischen November 1975 und Februar 1976 stellte Daimler-Benz die Kraftstoff-Einspritzanlage aller drei Motoren auf die neue mechanisch geregelte K-Jetronic um. Nicht in Serie gingen Versuchswagen mit Kreiskolben-Motor ab 1971, lediglich der Privatwagen von Felix Wankel wurde umgerüstet.

Ab dem März 1980 kamen Roadster und Coupés in überarbeiteter Form. Interieur und Technik hatte man der S-Klasse angeglichen. Neu war die Vierstufen-Automatik, und die Leichtmetall-Motoren der S-Klasse hielten ebenfalls beim R107 Einzug. Der neue 500SL, ausgerüstet mit dem 5,0-L-V8 aus dem 450SLC 5.0, löste den 450SL ab. Nach neunjähriger Produktionszeit wurde der 350SL abgelöst vom 380SL. Dessen 3,8-L-Leichtmetall-Aggregat war wie beim 5,0-Liter aus dem 3,5-L-V8 mit Grauguss-Block entstanden. Äußerlich bestanden kaum Unterschiede zu den Vorgängern. Alle drei SL-Typen waren nun mit einer Alu-Motorhaube und dem vom 450SLC 5.0 bekannten Frontspoiler ausgerüstet. Der 500SL erhielt zudem einen Alu-Kofferraumdeckel mit schwarzem Kunststoff-Heckspoiler.

Auch mit dem Aus für den SLC 1981 liefen die SL-Typen bis 1989 weiter. Zur IAA 1985 erfolgte eine umfangreiche Modellpflege (neuer 3,0-L-Reihensechser mit 188 PS im 300SL ein von 3,8 auf 4,2 Liter mit 218 PS im (420SL). Schrittweise kam der Katalysator zum Einsatz. Fahrzeuge ohne den Nachverbrenner, aber mit Nachrüstmöglichkeit waren bis 1989 lieferbar (»RÜF«-Rückrüstfahrzeug). Exot der 107er-Reihe war der 560SL für den Export – mit einem 5,6-L-V8 mit 231 PS und einer kurzen Achsübersetzung. Als einziges Modell hatte der 560er Knie- und Seitenaufprallschutz mit Verstärkungen in den Türen.

1989 lief die Reihe aus. Insgesamt hergestellt wurden 237.287 Roadster, die meisten Achtzylinder (66.298 450SL von 1971 bis 1980; 53.200 380SL von 1980 bis 1985 sowie 49.347 560SL von 1985 bis 1989.

SPORTWAGEN
TYP 280 BIS 500SLC (C107) 1971-1981

Das 1971 präsentierte Spitzen-Coupé basierte nicht mehr auf einer Oberklasse-Limousine wie noch der W113, sondern auf einem Roadster (Aufpreis Coupé ca. 4.000 DM). Abgesehen vom festen SLC-Dach, waren beide bis zur Türhinterkante gleich, hinten war geändert worden: Der gegenüber dem SL um 360 mm längere Radstand schuf etwas mehr Knieraum im Fond.
Bei den Motoren des C107 orientierte man sich am SL, gleiches galt für die Sicherheitsausstattung. Im Juli 1974 gab es auch in der SLC-Reihe die Einstiegsversion mit 2,8-L-Sechszylinder (185 PS).
Im September 1977 debütierte auf der IAA das neue Spitzenmodell 450SLC 5.0. Neu war ein 5,0-L-LM-Motor (basierend auf dem bisherigen 4,5-Liter) – mit nunmehr 240 PS. Motorhaube, Kofferraumdeckel und Stoßfänger waren aus Alu; zusammen mit den LM-Felgen brachte dies weitere 80 kg Mindergewicht. Die beiden ungewohnten Spoiler reduzierten die Abtriebswerte an Vorder- und Hinterachse.
Die Serienproduktion des 450SLC 5.0 begann im Mai 1978. Das Kleinserien-Modell 450SLC 5.0 – zunächst noch mit 5.025-cm^3-Maschine – fungierte letztlich als Wegbereiter für den Einsatz in der S-Klasse. Ausgeliefert wurden 2.769 Coupés mit dem 240-PS-Motor.

Mit dem 450SLC hatte das Unternehmen bereits den Ausflug in den Renn- und Rallyesport gewagt. Die Teilnahme abgestrippter C107 mit 217 und 234 PS an der 30.000 km langen Vuelta à la America del Sud 1978 brachte einen Fünffachsieg. 1978 sorgte Daimler-Benz dann für die Homologation des 450SLC für die Tourenwagen-EM durch AMG. Erfolge wurden erst 1980 eingefahren.
An Rallye-WM-Läufen nahm der 450SLC 5.0 regelementskonform mit dem fast 300 PS starken 4.973-cm^3-Motor teil. Erfolge: Safari-Rallye 1979 (zweiter und sechster Platz) und Bandama-Rallye 1979 (Vierfachsieg). Bei sechs Rallyes kam der Wagen fünfmal auf Podestplätze. Nach dem kurzzeitigen Einsatz des neuen 500SLC zum Saisonschluss 1980 zog sich Daimler-Benz aber im Dezember 1980 aus dem Rallyesport zurück.
Im März 1980 in Genf präsentierten sich die SLC-Coupés und Roadster der Baureihe 107 in aktualisierter Form. Innenräume und Technik (inklusive Alu-Motoren und Wandlerautomaten) waren der S-Klasse angeglichen worden. Der 450SLC 5.0 wurde in 500SLC (nunmehr mit 4.973-ccm-V8) umbenannt, blieb aber ansonsten unverändert. Der 350SLC entfiel zugunsten des 380SLC, dessen 3,8-L-Leichtmetall-Aggregat aus dem alten 3,5-L-Grauguss-V8 weiterentwickelt worden war. Ohne Änderungen im Programm belassen hatte man nur den Sechszylinder des 280SLC. Alle drei SLC-Typen hatten nun den vom 450SLC 5.0 bekannten Frontspoiler (schwarzer Heckspoiler weiterhin nur fürs Topmodell).
Eineinhalb Jahre – im Sommer 1981 – nach dieser letzten größeren Modellpflege mussten die SLC-Coupés der Baureihe 107 ihren Nachfolgern weichen, die wieder auf der S-Klasse-Limousine basierten. In zehnjähriger Produktionszeit waren insgesamt 62.888 SLC entstanden – die meisten davon 450SLC (31.739 Einheiten), gefolgt vom 350SLC (13.925) und 280SLC (10.666).

Mercedes-Benz 350SLC bei seiner Präsentation in Paris 1971, die Serienfertigung begann im Februar 1972

450SLC auf der Vuelta a la America del Sud im Dezember 1978. Timo Mäkinen/Jean Todt – hier mit Nummer 401 – wurden Vierte im Gesamtklassement

Einstiegsmodell 280SLC, 1974-1981. Die Blende vor der C-Säule sollte den längeren Radstand etwas kaschieren

Dieser 375 PS starke 450SLC AMG war ab 1978 in der Tourenwagen-Europameisterschaft dabei

450SLC 5.0 von 1979, dazu kein Gegenstück in der SL-Baureihe

DAIMLER-BENZ 1980-2000

UNTERE MITTELKLASSE
TYP 190 (W201) 1983-1993

Ende 1982 kam mit dem Typ 190 (W 201) das erste Auto unterhalb der bisherigen Modellpalette. 1988 erfuhr der »Baby-Benz« ein Facelift – neue Front- und Heckpartie, zusätzliche Schwellerverkleidung, glatter Flankenschutz, Kunststoffteile in Wagenfarbe, straffere Rückbank, vordere Gurtschlösser an den Sitzen (Gurte höhenverstellbar), optional Fahrerairbag. Weitere Versionen waren nie vorgesehen. Allerdings entstand in Stuttgart 1990 ein Cabriolet-Unikat, zudem baute SGS mindestens eine Cabriolimousine auf.

Unikat 190E-2.6 als Vollcabrio, 1990, keine Serienchance

Einziges Vergasermodell war der 190, der mit 25.600 Mark Grundpreis nur 1.500 Mark unter dem größeren Mercedes 200 (Baureihe W123) lag. Beide nutzten den gleichen Grundmotor (im 190er leistungsreduziert). 35.021 Exemplare des 90-PS-Viertürers entstanden bis 1984, dann kam die 105-PS-Version (ab 1986 mit G-Kat) – mit 87.336 Stück. Im April 1990 ersetzte der 190 E-1.8 die bisherige 190er-Vergaser-Version. Gefragter als das 1,8-L-Basisauto war die parallel laufende Einspritzer-Ausführung: Vom 190E bzw. 190E 2.0 wurden 689.610 Einheiten abgesetzt. Daneben lief ein neuer 72-PS-Selbstzünder mit 2,0 Liter Hubraum im 190D, 1984 gefolgt vom 190D-2.5 mit Fünfzylinder (90 PS).
Darüber positioniert waren die Vierventiler. Der 190ES 2.3-16 nutzte den 2,3-Liter-M102 vom W123 – nun mit einem dohc-Vierventilkopf von Cosworth. Er brachte die Limousine auf 225 km/h und erschien bereits ab September 1983. Mit rund 50.000 Mark war er 18.000 Mark teurer als der Zweiventiler. Den kultivierten 2,3-L-Zweiventiler im 190E-2.3 gab es in Deutschland erst ab Dezember 1985 (in den USA schon 1983). Von ihm wurden bis zum Auslauf 1993 insgesamt 186.610 Einheiten gebaut, während die Produktion des 2.3-16 im Juni 1988 endete: Bis dahin waren 19.487 Stück entstanden. Daneben wurde der 190E-2.6-Zweiventiler mit 166 PS offeriert. Nur in Einzelstücken gab es Anfang der 90er eine Elektro-Ausführung.

Zur Legende geriet der 190E 2.3-16 zur Eröffnung des neuen Nürburgrings am 12. Mai, als 20 Rennpiloten – darunter Senna, Rosberg und Moss – auf identischen Autos richtig Gas gaben. Im August 1983 hatte der 185 PS starke 190E 2.3-16 zudem bereits auf dem Hochgeschwindigkeitsoval von Nardo Weltrekorde (25.000 km, 25.000 Meilen und 50.000 km) eingefahren.
Abgelöst wurde der starke Motor vom 2.5-16 (Juli 1988 bis Juni 1993).. Er brachte 195 PS und hievte die knapp 6.000-mal hergestellte Limousine auf 230 km/h. Wer noch mehr Sportlichkeit wollte, wandte sich an AMG: Hier gab's zu damals recht moderaten Aufpreisen für den 190 diverse Aufrüstsätze – z.B. 145 PS für den 190E, 160 und 205 PS für den 2.3, sowie 190 und 245 PS für den 2.6. Zudem entstanden im ersten Halbjahr 1990 exakt 502 Exemplare des 190E 2.5-Evolution II. Sie waren dem in ebenfalls 502 Exemplaren gebauten Evo I gefolgt (Erstpräsentation März 1990). Beide ausschließlich in Blauschwarz-Metallic lieferbaren Autos waren eine Hommage an die DTM-Renner (Gruppe A) und dienten als Homologationsmodelle. Der 2.463 cm^3-Motor brachte im teuren, abgespeckten Evo II sehr anständige 245 PS.

190E 2.3-16, den Ayrton Senna auf dem Nürburgring zum Sieg fuhr

Mercedes-Benz 190E-2.5Evo III von 1983, cW 0,30

Mercedes-Benz 190E 2.3-16 und 190E von 1988

Mercedes-Benz Typ 190E-1.8 als Ersatz des bisherigen Einstiegsmodells, hier in Avantgarde Rossa

Typ 190D-2.5 mit Fünfzylinder-Diesel, erkennbar an den Lufteinlässen rechts vorn im Kotflügel

Mercedes-Benz C230 Kompressor von 1995

Typ S202 ab 1996, erster Kombi der Unteren Mittelklasse

Faceliftversion des C220 ab 1997 mit neuem Grill und lackierten Stoßleisten

C-Klasse-Limousine und neues T-Modell 220D der 202er-Reihe

Typ C36 AMG mit modifizierter Karosserie, immer mit Automatik

Bärenstarke S202-C55 AMG-Version des T-Modells

UNTERE MITTELKLASSE
TYP C180 BIS C280 (W202) 1993-2000
TYP C180 BIS C280 T-MODELL (S202) 1996-2001

Nachfolger des Typ 190 ab 1993 waren die Limousinen der neuen Baureihe W202 – mit besserem Platzangebot bei kaum veränderten Außenmaßen. Die Raumlenker-Hinterachse des Typ 190 wurde in der C-Klasse weiterverwendet. Neu war die vordere Doppelquerlenker-Aufhängung mit separierten Stoßdämpfern und Federn.

Im September 1995 (kleine Modellpflege) kam neben den Vierzylinder-Benzinern in C180, C200 und C220 auch der C230 Kompressor (mit Aufladung und Ladeluftkühler aus dem SLK). Erst im August 1996 gesellte sich der 2,3-Liter-Saugmotor hinzu (150 PS), der den gleichstarken 2,2-Liter im C220 ablöste. Mit dem Motor M102 aus dem 190-2.3 hatte der Vierventil-M111 nichts zu tun.

Die Limousine und die 1996 eingeführte Kombiversion (S202) mit dem 230er K-Motor blieben bis 2000 im Programm. Erstaunlicherweise wurde neben dem 230 Kompressor von 1993 bis 2001 das teurere, wenngleich prestigeträchtigere C280-Sechszylinder-Modell im gleichen Leistungsbereich (193 PS mit Reihensechser, 197 PS mit V-Motor ab 1997) angeboten. 1997 kam als weiterer Sechszylinder der C240 (170 PS) hinzu.

Schon bald erschienen AMG-Modelle aus Affalterbach. Anders als noch beim 190er standen die starken Autos nun in den Mercedes-Preislisten. Als erstes Modell der Partner Daimler-Benz und AMG wurde im September 1993 der C36 AMG (280 PS) gezeigt. Geplant waren 600 Exemplare, 1995 wurde die Fertigung auf 2.000 Stück pro Jahr hochgefahren. Der C36 mit freisaugendem 3,6-Liter-Reihensechser blieb bis Mitte 1997 im Programm, insgesamt 5.221 mal gefertigt. Ihm folgte der C43 AMG (1997-2000), flankiert vom C55 AMG (1998-2000) – beide mit V8 (306 und 347 PS). Damit wurden auch T-Modelle bestückt. Der in der C-Limousine installierte Motor kam in etwas schwächerer Auslegung auch in Coupés, Cabrios und im T-Modell der E-Klasse (W124) zum Einsatz.

Überzeugenden Durchzug und guten Fahrkomfort lieferten die neuen Diesel mit direkter Common-Rail-Hochdruckeinspritzung. Sowohl der 200CDI (102 PS) als auch der 220CDI (125 PS) verfügten über den gleichen Turbo-aufgeladenen 2,2-Liter, der sich nur in der Auslegung unterschied. Beide Motorenvarianten kamen in der facegelifteten C-Klasse zum Einsatz: Ende 1997 debütierte der neue »220er« parallel neben dem bisherigen 220D. Ende 1998 kam der C200 CDI als Limousine und Kombi – er löste den C220 D ab.Im August 1999 wurde die Baureihe nochmals leicht überarbeitet. Ab 1998 bekamen alle C-Klassen serienmäßig ASR und automatische Kindersitzerkennung, auch ESP war bald als Extra lieferbar. Weitere Extras stammten aus der E- und S-Klasse.

Die Fertigung der Limousine endete Anfang 2000, das T-Modell lief weiter bis Januar 2001. 1.847.382 Fahrzeuge wurden insgesamt hergestellt – davon 1.626.135 Limousinen und 221.247 T-Modelle.

DAIMLER-BENZ 1980-2000

OBERE MITTELKLASSE
TYP 200 BIS 500E (W124) 1984-1993
UND E200 BIS E60 AMG (W124) 1993-1997

Der sachlich geformte W124 orientierte sich am 190er. Das nach den Typen 230E und 200D lancierte Einsteigermodell 200 (Januar 1985 bis Juni 1990 in 110.354 Exemplaren) behielt den 109-PS-Vergasermotor mit Querstromkopf (Kat-Version: 105 PS) des Vorläufers. 1985 gesellte sich auch das neue T-Modell mit 2,0-L-Vergasermaschine hinzu.

Auf der IAA 1989 präsentierte sich der Mittelklässler mit einem dezenten Facelift mit glatten Kunststoff-Seitenverkleidungen und aufgewertetem Interieur. Die straffere Rückbank ähnelte der des 190ers. Ersetzt wurde der Typ 200 vom 200E ab September 1989 (118 PS) – er hatte den Motor des 190E und lief bis Oktober 1992 in 176.660 Einheiten, um dann einem neuen 136-PS-Vierventiler zu weichen (82.588 Einheiten bis August 1995).

Spitzenreiter war der 500E mit zahllosen Hightech-Features (ab 1993er Facelift als E500, mit Stern auf der Motorhaube). Vorgestellt im Oktober 1990, wurde die 326-PS-Limousine 10.479-mal bei Porsche gebaut (Februar 1991 bis April 1995). V8-Vierventiler, Vierstufen-Wandler und Bremsen stammten von S-Klasse bzw. SL. Lenkgestänge und Querlenker waren – übrigens auch beim wenig später bei Daimler-Benz selbst produzierten E400 mit 279 PS – ähnlich dem SL. 16 Zoll-Räder mit breit ausgestellten Radläufen, Niveauregulierung hinten sowie die Antriebsschlupfregelung (ASR) gehörten zur Serie.

Der Einsatz eines permanenten Allradsystems mit zentralem Verteilergetriebe erfolgte erstmals beim W124/S124. 4matic gab's ab März 1987 für die Fünf- und Sechszylinder-Versionen der Limousine (260E, 300 E, 300 D und 300TD) sowie fürs T-Modell (300TE und 300TD) – für ca. 13.000 Mark Aufpreis. Bis zur Produktionseinstellung blieb der bewährte 3,0-L-Zweiventiler den Allradmodellen erhalten, nur bei den Hecktrieblern kam ab 1992 ein neuer 3,2-Liter-Vierventiler. Oberhalb von E500/E420 wurde der E60 AMG (1993/94) angeboten, dessen 6,0-L-V8 381 PS leistete. Daneben gab es noch den E36 AMG als T-Modell (1994-1996) mit 270 PS starkem Reihensechser.

Den schicken Kombi aus dem Werk Bremen bot man seit der IAA 1985 an. Der 300 E/E 300 4matic entstand als Limousine 14.202mal, vom T-Modell wurden weit weniger Einheiten geordert. 1993 war auch dem T-Modell das große Facelift zugutegekommen: vom Stern auf der Motorhaube, den überarbeiteten Anbauteilen in Wagenfarbe und den farblosen Blinkergläsern bis zum veränderten Stoßfänger. Daneben entstanden Langversionen, Bestattungs- und Krankenfahrzeuge.

Während die Fertigung der Limousine bis 1995 lief, blieb das T-Modell bis 1996 im Programm. Eine allerletzte Modellpflege erfolgte im März 1994: Alle Autos erhielten eine bessere Ausstattung fürs gleiche Geld – Beifahrerairbag, Zentralverriegelung mit Infrarot-Bedienung und Wegfahrsperre, elektrische Fensterheber, Fondkopfstützen (außer E200 und E200 D), Doppel-Rollo im T-Modell.

Bei Porsche gebauter Mercedes-Benz 500E (ab 1993 als E500) mit 326 PS und zwei Einzelsitzen hinten

4matic-Ausführung des Mercedes-Benz 300TE-Modells von 1985 mit automatisch zuschaltendem Allradsystem

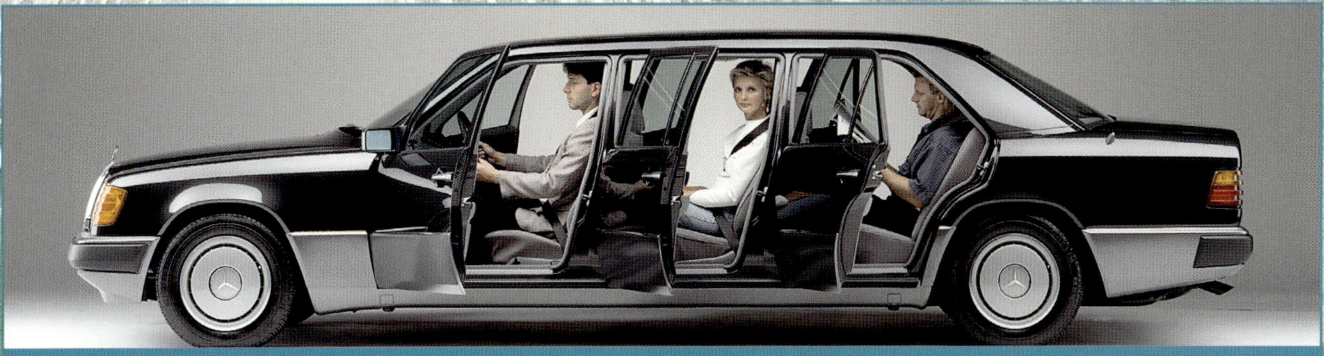

Mercedes-Benz 250D lg oder 260E lg Langversion (V124) mit 80 cm mehr Radstand von 1989 als Sechstürer von Binz. 1992 wurde der 260E durch den 280E lang ersetzt

Auftritt der Großen 1988 – rechts der Oberklasse-W126, links 250D Turbo und 200TE aus der 124er-Serie

AMG verwandelte auch den W124 (Limousine und T-Modell) zum rasanten Hochleistungsfahrzeug, Hier ein Mercedes-Benz E60 AMG im Facelift-Outfit von 1994

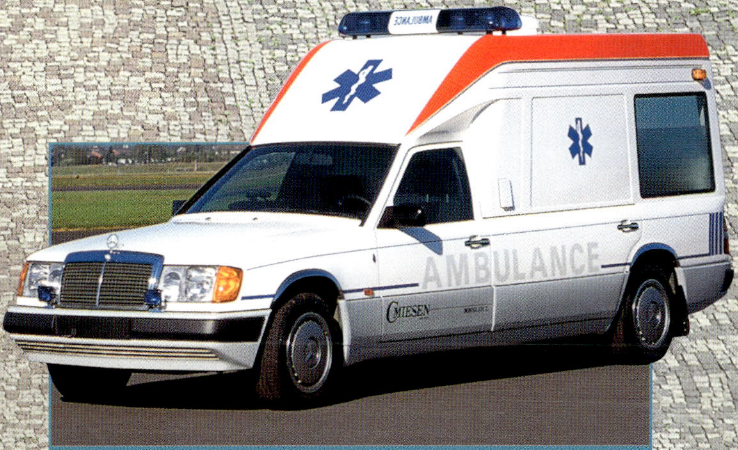

Typ 124er Krankenwagen von Miesen, 1998. Auch die Firma Binz in Lorch und andere Karossiers bauten Kranken- und Bestattungsfahrzeuge

Mercedes-Benz 230CE und 300CE von 1987

E320 Faceliftversion von 1993 (Radstandsverkürzung 85 mm)

Typ E220 Cabrio, 1992-1997 in zeitlos harmonischem Design

Ab 1993 gab es den E36 AMG auch als Coupé und Cabrio

Typ 300CE-24 als erstes 124er-Cabrio (ab März 1992)

Mercedes-Benz E200 Cabrio mit dem kleinsten Motor, 1993

OBERE MITTELKLASSE
TYP E200 BIS E36 AMG COUPÉ (C124) 1987-1997 UND E200 BIS E36 AMG CABRIO (A124) 1991-1997

Ab März 1987 war ein viersitziges 124er-Coupé zu haben (230CE, dann als 300CE und ab 1989 auch 300CE-24). Vorbau und Heckleuchten waren wie bei der Limousine, der eigenständiger Aufbau saß aber auf 85 mm weniger Radstand, 36 mm weniger Gesamthöhe und verstärkten Blechpartien im Bereich von A-Säule, Seitenschweller und Türen. Wegen der üppigeren Ausstattung (elektrische Gurtbringer für Fahrer/Beifahrer, mehr Sicherheitsfeatures) und der aufwändigeren Geräuschisolation waren die Coupés keine Leichtgewichte. Dank eines geschickt geformten Dachabschlusses stand hinten erstaunlich viel Kopfraum bereit.

1989 wurde das 124er-Programm überarbeitet und 1992 nochmals nachgebessert: In den Zweitürern wurden nur noch Vierventiler im 200CE (zunächst Exportmodell, erst 1995 auch in Deutschland) und im 220CE eingesetzt. Ein Großteil der mit Vier- und Sechszylindern ausgestatteten, insgesamt 141.498 Coupés war bis dahin auf die 2,3-Liter-Version entfallen. 300CE und 300CE-24 verschwanden zugunsten des 320CE. Insgesamt gab es sechs Coupé-Varianten: E200, 220CE/E220, 230CE, 300CE, 300CE-24/320CE und E320 sowie E36 AMG.

Eine erneute Überarbeitung 1993 brachte optische Korrekturen, gleichzeitig galt nun die Namens-Nomenklatur mit der vorweg gestellten Baureihenbezeichnung. V8-Benziner, Dieselmotoren oder Allradantrieb gab es bei den zivilen 124er-Zweitürern nie. Aber Partner AMG kam ab Sommer 1993 mit dem 272 PS starken E36 AMG mit 3,6-L-Vierventil-Reihensechser. Die Fertigung der Coupé-Baureihe endete im März 1996 – nach insgesamt 141.498 Einheiten.

Neben dem Coupé wurde auch das Cabrio wieder zum Thema.. Es erschien auf der IAA 1991 unter dem Code A124. Die offene Version kostete aber erheblich mehr als das Coupé. Mit dem 3,0-L-Vierventiler begann die Auslieferung von März 1992 bis zum Facelift im Juli 1993 im Programm. Wie beim Coupé abgelöst wurde der 300CE-24 vom E320. Und wie beim Coupé gab es die offene E36 AMG-Version.

Von Anfang an bekam der noble Offene Fünfgang-Schaltgetriebe und Zentralverriegelung serienmäßig. Eine Vier- oder später Fünfstufen-Automatik kostete extra. Die Ausstattungserweiterung mit Fahrer-Airbag und zwei elektrisch einstellbaren Spiegeln kam dem E300 CE-24 Cabrio noch genauso zugute wie das Facelift vom Juni 1993. Ein Monat später wurde es vom E320 Cabrio (Exportanteil 75 %) ersetzt. Ganz am Ende kamen auch die Vierzylinder E220 (8.458 Stck) und E200 Cabrio (6.922 Stck). Ein Hardtop ab Werk gab es übrigens nie. Der offene A124 blieb noch bis Juli 1997 in Produktion und entstand insgesamt 33.952-mal (15.380 Vier- und 18.572 Sechszylinder).

OBERE MITTELKLASSE
TYP E200 BIS E55 AMG (W/S210) 1995-2002

Die E-Klasse mit dem Vieraugen-Gesicht ab 1995 war ein Design-Meilenstein. Ihre Raumlenker-Hinterachse stammte vom Vorgänger, während die Vorderachse statt einfacher Dämpferbeine wieder mit einer aufwändigen Doppelquerlenker-Radaufhängung ausgestattet wurde. Dank Zahnstangen- statt Umlauflenkung vermittelte sich ein direkteres Lenkgefühl. Zudem stand ab 1997 optional das Allradsystem 4matic bereit (E280, E320, E430, E55 AMG).

Die Motoren stammten vom W124 bzw. von der C-Klasse. So blieb man beim Vorkammer-Diesel, bevor die Common-Rail-Technik (CDI) Einzug hielt. So war der E220 Diesel noch zwei Jahre im Programm, obwohl bereits der neue 2,9-Liter CDI-Fünfzylinder-Turbo debütiert hatte. Auch für das Taxigeschäft und manche Exportländer behielt man die ausgereifte Vorkammer-Technik. Das Dieselprogramm wurde erst im Juni 1998 um den E200 CDI (102 PS) und den E220 CDI (125 PS) erweitert, Basis war der bereits in der C-Klasse verwendete 2,2-Liter-CDI-Motor.

Neben dem E200 (136 PS) und dem E200 Kompressor (163 PS) wurde noch der E230-Vierzylinder (150 PS) angeboten. Darüber positioniert waren die Sechszylinder E240 (170 PS), E280 (193 PS) und E320 (220 PS). Eine Stufe höher waren die V8-Typen E420 bzw. dann der E430 mit 279 PS angesiedelt. Dessen neuer Dreiventil-V8 war nach der IAA 1997 – noch vor dem Facelift – als Ersatz für den bisherigen Vierventil-4.2 Liter eingeführt worden. Später gab es den 4,3-Liter in der E-Klasse auch mit Allradantrieb. Die Fünfstufen-Automatik gehörte bei den V8 stets zum Lieferumfang. Der neue V8 gelangte auch in der nächsten S-Klasse (W220) zum Einsatz.

Zusammen mit dem neuen Dreiventil-V8 mit 4,3 Liter debütierte der E55 von AMG auf der IAA 1997. Er löste den bisherigen E50 ab. AMG nutzte – mit einem gewissen Widerwillen – den neuen, auf 5,4 Liter vergrößerten Dreiventil-V8 aus der S-Klasse. Gekoppelt wurde der 354-PS-V8 (max. Drehmoment 530 Nm) mit einer Fünfstufen-Automatik. In 5,7 Sekunden sprintete die Limousine bis Tempo 100 (T-Modell: 5,9 Sekunden), bei 250 km/h wurde abgeregelt. Karosserie und Fahrwerk wurden angepasst (hinten Bremsen vom SL600). Darüber positioniert war der E60 AMG 6.3 mit 405 PS.

Von September 1997 bis April 2001 waren die ersten 10.000 E55 AMG ausgeliefert – etwa 8.400 Stück als Limousinen, 1500 als T-Modelle und rund 100 als 4matic-Allradler (seit Ende 1999 im AMG-Direktvertrieb). Damit avancierte der E55 zum erfolgreichsten Modell der 33jährigen Firmengeschichte von AMG. Von dem kräftigen V8 wurden in reiner Manufakturarbeit allein im Jahr 2000 über 10.000 Stück für die verschiedensten Mercedes-Modelle produziert.

Zusätzlich zu den Serien-Limosuinen und -Kombis wurden gepanzerte Sonderschutzfahrzeuge (ab 185.000 DM für sowie Langversionen und Kranken- und Bestattungswagen angeboten.

E320 mit ca. 600 kg schwererer Guard-Ausstattung (Schutzklasse B4 und B5), wie sie seit März 1996 angeboten wurde

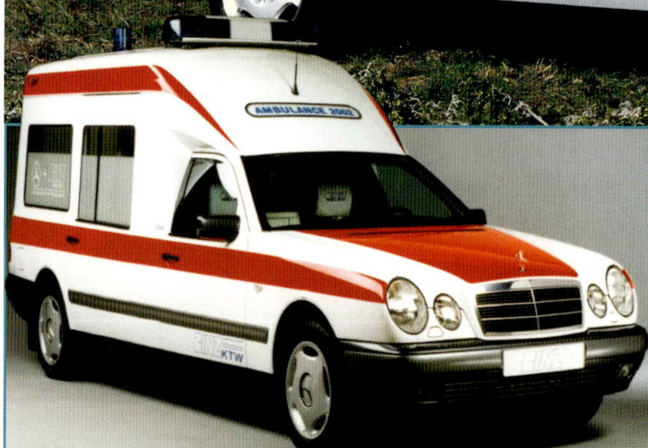

Krankenwagen auf Basis des E290TD mit dem ersten direkteinspritzenden Diesel mit Turboaufladung und Ladeluftkühlung von Daimler-Benz

E320 lang: Bei Binz entstanden auch XL-Versionen der W210-Limousine (3,57 u. 3,80 m Radstand) sowie eine sechstürige Stretch-Ausführung des T-Modells mit drei Sitzreihen - wie bei den Serienmodellen mit den Ausstattungspaketen Classic, Elegance und Avantgarde

Mercedes-Benz 320er-Limousine und T-Modell der Baureihe 210

E55 AMG 4matic mit permanentem Allradantrieb

Mercedes-Benz T-Modell als E63 AMG

Mercedes-Benz CLK320 Cabrio von 2001 mit dem am häufigsten georderten Motor, dem 3,2-Liter-V6 mit 218 PS

CLK430 Coupé von 1997 – der einzige C-Klasse-Ableger mit V8 (279 PS)

CLK55 AMG Cabrio in limitierter Anzahl und nicht im regulären Programm enthalten, gebaut bei Karossier Karmann

CLK GTR Roadster (C297) von 2002, V12-Motor aus dem S600

CLK55 AMG als Safety Car in der Formel 1, 1999

Mercedes-Benz CLK230 Kompressor Cabrio

OBERE MITTELKLASSE
TYP CLK200 BIS CLK55 AMG COUPÉ (C208) 1997-2002 UND CLK200 BIS CLK 55 AMG CABRIO (A208) 1998-2003

Anders als beim W124 wurde vom W210 kein zweitüriges Modell abgeleitet. Vielmehr nutzte man die kleinere C-Klasse (W202) als Basis für Coupés und Cabrios der neuen Baureihe 208. Es blieb beim Radstand des 202ers. Allerdings nutzte das im Januar 1997 präsentierte Coupé (und später auch das Cabrio) die Vieraugen-Scheinwerfer der E-Klasse. Gebaut wurde der 2+2-Sitzer im Werk Bremen.
Motorenauswahl: 2,0-Liter (136 PS), aufgeladener 2,3-Liter (193 PS) und 3,2-L-V6 (218 PS). Ab Juni 2000 für alle CLK serienmäßig Sechsgang-Schaltgetriebe (optional automatisierte Sequentronic); zugleich kamen die aufgeladenen 2,0- und 2,3-Liter aus dem SLK. Die reichhaltige Serienausstattung des CLK Coupés umfasste u.a. Easy-entry-Einstiegshilfe für die Hinterbänkler, Kofferraum-Fernentriegelung, Lederlenkrad, Sidebags und Bremsassistent. Neu: elektronisches Schließsystem mit Funkfernbedienung

Vor dem W203 (ab 2000) hatte kein einziger C-Klasse-Vertreter einen Achtzylinder – nur das CLK Coupé bekam Mitte 1998 den 4,3-Liter-V8. Der exklusive CLK430 kostete über 100.000 DM (ca. 20.000 DM mehr als für den Sechszylinder-CLK). Getoppt wurde er 1999 vom 3.381-mal ausgelieferten CLK55 AMG mit 347 PS. Allradantrieb offerierte Mercedes in der CLK-Klasse noch nicht.

Nachdem 1997er-Debüt des Coupés folgte im Frühjahr 1998 das Cabrio. Das Platzangebot hinten verringerte sich wegen des Verdeckkastens. Die Fondkopfstützen nahmen die automatisch hochfahrenden Überrollbügel auf. Das Softtop selbst ließ sich elektrohydraulisch betätigen, musste aber per Hand am Scheibenrahmen befestigt oder gelöst werden.
Hohe Nachfrage nach dem offenen CLK: Statt geplanter 18.000 fuhr man die Jahreskapazität auf 30.000 Einheiten hoch. Von Anfang an standen 2,0 Liter (136 PS), 2,3 Liter (193 PS) und 3,2 Liter (218 PS) zur Verfügung; Mitte 1999 kam der 4,3-Liter-V8 hinzu. Mit dem kurzhubigen 320-Sechszylinder, gekoppelt mit der Fünfstufen-Automatik mit Tippfunktion, sprintete das Cabrio in 8,3 Sekunden von 0 auf 1000 km/h – nur eine Sekunde langsamer als der CLK430. Krönung aller Offenen waren die 400 Einheiten des CLK55 AMG Cabrios.

Für die neue GT-Serie ab 1997 baute AMG 6,0-L-V12-Rennautos mit CLK-Silhouette. Homologationsbedingung war, auch »zivile« Kundenfahrzeuge mit Kohlefaser-Monocoque herzustellen. Diese ab Mitte 1998 gebauten 25 CLK GTR hatten einen Mittelmotor aus dem S600 mit anfangs 560, dann 612 PS. In den Flanken des 2,6 Mio DM teuren Autos unterhalb der Scherentüren ließen sich 160 Liter Reisegepäck verstauen. Zur Serienausstattung gehörten ABS und ASR, aber auch eine ganze Reihe Pkw-üblicher Goodies.

2002 lief die Fertigung der CLK-Coupés nach 233.367 Exemplaren aus, das Cabriolet endete im Mai 2003.

OBERKLASSE
TYP 280S BIS 560SEL (W126) 1979-1991
TYP 380 BIS 560SEC (C126) 1981-1991

Der W126 löste im September 1979 die 116er-Reihe ab. Und die nun wieder von der Limousine abgeleiteten Coupés (C126) folgten 1981 auf die SLC-Modelle (C107). Bis zum Oktober 1991 wurden 892.123 Exemplare in Sindelfingen produziert, davon 74.060 Coupés. Die 126er wurden Oberklasse-Weltmarktführer (in diesem Segment bis heute am meisten gebaut).
Der Neue glänzte mit verbesserter Sicherheit und geringerem Verbrauch dank forcierten Leichtbaus, optimierter Aerodynamik und weiterer Maßnahmen. Alle Motoren – außer dem Vergaser-Sechszylinders des Einstiegs-280S – waren Einspritzer; nur für Nordamerika gab es Dieselaggregate. Von Anfang an stand der Version mit normalem Radstand eine um 140 mm vergrößerte Langversion (V126) zur Seite.

Das Fahrwerk verfügte über eine Doppelquerlenker-Vorder- sowie eine Schräglenker-Hinterachse (»Diagonal-Pendelachse«). Vorn wurden die Autos mit Faustsattel-Scheibenbremsen ausgerüstet (größere Bremsscheiben, weil Bremszylinder auf der besser gekühlten Radinnenseite). Wie die Vorgängergeneration wiesen alle 126er den Lenkrollradius 0 auf.
Während der zwölfjährigen Produktionszeit erfolgten permanent Weiterentwicklungen. Autos, die bis August 1985 produziert wurden, zählen zur ersten Serie. Die Serie zwei ab Herbst 1985 kam mit leicht geändertem Exterieur (Stoßfänger, Seitenbeplankung in Stratusgrau, Muschelgrau, Fregattblau oder Chinchilla sowie 15-Zoll-L-Räder bzw. Radzierkappen). Ab September 1986 optional Antriebsschlupfregelung (ASR) für die V8-Modelle. Ende 1989 folgte eine vor allem optische Modellpflege (Stoßfängern und Seitenbeplankung in Wagenfarbe).

Zudem gab es mit der zweiten Serie neue Einspritzer-Motoren, fast alle mit Katalysatoren ausgestattet. So wurde der Einstiegs-2,8-Liter durch einen 2,6-Liter ausgetauscht. Der 3,8-Liter verschwand zugunsten des 4,2-Liter. Überlebt hat nur der 5,0-Liter (M116). 1988 neu hinzu kam der große 5,6-Liter M117 mit fast 300 PS (ohne Kat). Von Anfang an verzichtet wurde auf einen Nachfolger des Topmodells 450SEL 6,9 (W116), da der neue 500er ähnliche Fahrleistungen brachte. Zudem wurden gepanzerte Varianten bis hin zu einem neuen »Papamobil« hergestellt. Einige freie Karossiers wagten sich gar an den Umbau zum Kombi.
Die SEC-Coupés nutzen die um 85 mm gekürzte Bodengruppe der Limousine. Dachrahmenstruktur und die A-Säulen wurden verstärkt. Auffällig die schmaleren Hauptscheinwerfer und die Stoßfänger-integrierten Nebelscheinwerfer. Damit wurde der verbreiterte Kühlergrill in die Motorhaube einbezogen (großer Stern im Grill). Dank fehlenden B-Säulen und den auch hinten fast voll versenkbaren Seitenfenstern ergab sich eine großzügige seitliche Öffnungsmöglichkeit. Im Fond des grundsätzlich besser ausgestatteten Coupés verfügte der Zweitürer über zwei Einzelsitze. Sechszylinder kamen nie zum Einsatz. Andere Karosserieversionen waren ab Werk nicht vorgesehen – wurden aber von freien Karossiers realisiert.

S-Klasse-Versionen 280, 380 und 500 im Jahr 1980

560SEC Cabrio-Aufschnitt von ASC in den USA Foto: Kittler

Mercedes-Benz 500SEC (Facelift-Version)

Mercedes-Benz 300SDL für den US-Markt

Mercedes-Benz Einstiegsmodell 380SEC von 1981

560SEL mit farblich abgesetzten »Sacco-Brettern« vor 1989. Dank CAD-berechneten Aufbauten mit optimalem Materialmix, Kunststoff-Bauteilen, Alu-Motoren und besserer Aerodynamik (cW 0,36 statt vorher 0,41) sank der Verbrauch

600SEC von 1992-1996 mit den anfänglichen Peilstäben, die auch im C140 zum Einsatz kamen Außenlänge des Coupés: 5.065 mm

Mercedes-Benz C140 nach dem Facelift 1996, 215 bis 250 km/h

Einstiegsmodell 300SE 2.8 (links) und Dieselversion 300SD vor 1985 (mit den vieldiskutierten Peilstäben auf dem Heck)

Langversion von S320, S420 und S500 (um 100 mm verlängert), 1994-1998

Facelift-Versionen von S600 und S280, 1994

Mercedes-Benz S500 lang Landaulet für den Papst (1995)

OBERKLASSE
TYP 280 BIS 600SE/S (W140) 1991-1998
TYP S420 COUPÉ/CL420 COUPÉ BIS 600SEC/S COUPÉ/CL600 (C140) 1992-1998

Zwischen Juli 1991 und September 1998 entstanden 406.717 W140-Limousinen. Das als zu groß geschmähte Auto gab es auch als Langversion (V140). Abgeleitet wurde zudem das als »Mörderbiene« verballhornte Coupé (C140). Ab 1996 stand zudem eine Pullman-Limousine auf 500er und 600er-Basis bereit: 6.213 mm lang (ein Meter länger als der V140) und 2.770 kg (S600) schwer. Der Kaufpreis des auf 210 km/h limitierten 600-Pullman lag 1997 bei 604.900 DM. Neben einem Papstwagen entstanden auch gepanzerte Guard-Limousinen.

Die 5.113 mm lange Limousine mit »kurzem« Radstand (3.040 mm) war gegenüber dem W126 um 16 % strömungsgünstiger (cW 0,30; Coupé: 0,29). Fahrwerks- und Antriebstechnik, vor allem die Elektronik, waren neu. Das Benziner-Angebot reichte vom Sechszylinder im 193-PS-S280 (88.467,50 DM) bis zum V12 im 600SE (65.000 DM Aufpreis gegenüber dem V8). Ab 1992 war auch bei uns die S-Klasse mit aufgeladenem 3,5-L-Sechszylinder-Vorkammerdiesel aus dem W126 zu haben (150 PS). Nachfolger des S350 Turbodiesel war 1996 der S300 Turbodiesel-Vierventiler (177 PS).

Im März 1994 kam das überarbeitete 140er-Modell mit Flankenschutzflächen und Änderungen bei Stoßfängern, Kühlerschutzgittern und Scheinwerfern. V12-Versionen mit Kühlergrill mit verchromten Querlamellen und breiterem Chromrahmen. Die Heckpartie erschien nun breiter und niedriger – und verzichtete auf die Peilstäbe. Eine zweite Überarbeitung folgte im Juni 1996. Die Fünfstufen-Wandlerautomatik war nun bei allen Typen (außer S280) Serie. Auch ASR, seitliche Airbags für Fahrer und Beifahrer, Xenon-Scheinwerfer und vieles mehr waren jetzt serienmäßig.

Das im Januar 1992 präsentierte Coupé (Radstand 2.944 mm) gab es als 500 SEC (319 PS) und als 600 SEC (394 PS), Technik von der Limousine. Im März 1994 kam zusätzlich S420 Coupé hinzu (279 PS). Zahlreiche Innovationen hatten im 600SEC Premiere – Fünfstufen-Automatikgetriebe, ESP und ab 1995 GPS-Navigationssystem. Seit September 1995 gab es Automatikgetriebe auch in den Achtzylinder-Coupés; das ESP war jetzt für beide Modelle auf Wunsch lieferbar.

Analog zur S-Klasse-Limousine waren im Juni 1993 auch bei den Coupés neue Typenbezeichnungen eingeführt worden. So wurde der 600 SEC zum S600 Coupé. Im Juni 1996 erneute Änderung der Bezeichnungen. Seither hieß das Coupé »CL-Klasse«. Erkennbar waren die CL-Coupés an den Stoßfängern mit integrierten Sensoren für die Einparkhilfe Parktronic. Weitere Neuerungen waren: Xenon-Scheinwerfer auch fürs Coupé, Sidebags sowie Sitzbelegungserkennung.

14.953 Exemplare der insgesamt 26.022 Coupés bis 1998 waren 500er, gefolgt vom V12 (8.573) und vom S420 Coupé/CL420 (2.496).

SPORTWAGEN
TYP 230 BIS 320SLK (R170) 1996-2004

Mit dem zweisitzigen SLK-Roadster (Baureihe R170) besannen sich die Stutgarter wieder aufs Feld der kleinen Roadster. Er basierte auf der ersten C-Klasse (W202) – wobei der Radstand 2.400 statt 2.690 mm wie bei der C-Klasse maß. Das kompakte Fahrzeug selbst war nur 4,0 m lang. Der Motor saß vorn längs, angetrieben wurden die Hinterräder. Zum Fahrwerk gehörten einzeln aufgehängte Vorderräder mit Doppelquerlenkern und Schraubenfedern sowie Hinterräder mit fünf separaten Lenkern, dazu hydraulisch betätigte Scheibenbremsen an allen Rädern und eine servounterstützte Kugelumlauflenkung. Die selbsttragende Karosserie bestand aus Stahlblech.

Der SLK war das erste Klappdach-Cabrio von Mercedes. Sein mehrteiliges Retractable Hardtop von Car Top Systems (Partnerunternehmen Mercedes/Porsche) verschwand auf Knopfdruck binnen 25 Sekunden vollständig im Kofferraum. Allerdings verringerte sich in diesem Falle das Gepäckraumvolumen von 348 auf 145 Liter. Hinter den Sitzen verbarg sich ein Überrollbügel, der im Kollisionsfalle automatisch hochschnellen sollte.

Beginnend mit dem SLK200, 200 Kompressor (nur für Auslandsmärkte) und 230 Kompressor lief er ab Herbst 1996 bis Anfang 2004. Zum Facelift im Jahr 2000 kamen der neue 200K mit 163 PS (der die bisherigen Typen 200 und 200K ersetzte), der SLK320-V6-Dreiventiler (218 PS), während der SLK230K nun 197 statt bisher 193 PS brachte. Dazu gesellte sich im November 2000 der SLK32 AMG. Insgesamt entstanden 311.222 Fahrzeuge, davon 113.520 vom SLK230K als meistgeordertem Modell.

Mercedes-Benz SLK200, 1996-2000

Das zunächst in acht Farbtönen lieferbare Auto wurde im Februar 2000 einer Modellpflege unterzogen. Dazu gehörten neugezeichnete Stoßfänger und Schweller in Wagenfarbe, Blinker im Spiegelgehäuse, neue Heckleuchten, eine modifizierte Kühlermaske und das mittig sitzende Kofferraumschloss in der Griffmulde. Bei der Innenausstattung wurden höherwertige Materialien verwendet.

Zehn Farben standen nunmehr zur Auswahl. Dazu kamen die genannten neuen Motoren. Bisher hatten die schwächeren Modelle Fünfgang-Getriebe und nur der 230K ein Sechsgang-Getriebe erhalten – mit dem Facelift bekamen alle SLK Sechsgang-Ausführungen (optional Automatikgetriebe). Vor allem aber spendierte man allen Roadstern serienmäßig die Schleuderhilfe ESP.

Stärkster Roadster war der der SLK32 AMG mit 354 PS – hier war der 3,2-L-V6 des SLK320 mittels Kompressor aufgeladen worden. Erkennbar ist das starke Fahrzeug an den großen Lufteinlässen vorn (Kühlung der größeren Bremsscheiben und Atemluft für den Motor), optimiertes Fahrwerk und Abrisskante auf der Heckhaube, dazu entsprechender Doppelauspuff. Mit 56.840 DM lag der SLK32 AMG weit über den zivileren Versionen. Der starke 3,2-Liter wurde mit einer Fünfstufen-Automatik mit manueller Eingriffsmöglichkeit (»Speedshift«) kombiniert.

Die Ablösung für den R170 kam im Frühjahr 2004, aber die Baureihe lebte zunächst bis 2007 weiter – in Gestalt des bei Karmann produzierten Chrysler Crossfire.

Typen 200, 200K und 230SLK in den acht Außenfarben, 1996-2000

Mercedes-Benz SLK32 AMG von 2003

Mercedes-Benz 230SLK, 1996-2000

SLK200K, 2000-2004

SLK320 ab 2000

Der R129 mit Klappverdeck und mit aufgesetztem Hardtop, 1989

SL500 von 1995 mit sehr sparsamer Chromausstattung

Unikat 300SL-24 von Karmann, 1993

Mercedes-Benz SL73AMG, 1999-2001

Mercedes-Benz SL55 AMG ab 1999

Auslaufversion SL320 aus dem Jahr 2000

SPORTWAGEN

TYP 300SL BIS 600SL (R129) 1989-1993
TYP SL280 BIS SL600/73 AMG 1993-2002

Der im März 1989 präsentierte R129 lief vom Frühjahr 1989 bis zum 2. Juli 2001 in Bremen. Innerhalb der Bauzeit des Modells wurden auch hier ab 1993 die geänderten Klassen-Bezeichnungen eingeführt. Der Zweisitzer mit den zwei hinteren Notsitzen basierte auf der verkürzten Bodengruppe der Limousinen-Baureihe W124. Das Fahrwerk entsprach prinzipiell dem, was sich in den Limousinen der Baureihen W201 und W124 bewährt hatte (Dämpferbein-Vorderachse und Raumlenker-Hinterachse). Als Extra gab es eine Niveauregulierung vorn und hinten. Dazu gesellte sich das Adaptive Dämpfungs-System (ADS), welche die Dämpfung an den von Sensoren ermittelten Fahrzustand anpassten.
Größer, stärker und schneller als seine Vorgänger gab sich der Neue äußerlich zurückhaltend. Seine inneren Werte hatten es in sich, allen voran das elektrisch betätigte Verdeck (30 Sekunden Betätigungszeit), das Windschott und das serienmäßige Hardtop – ein Paket, das damals kein anderes Auto zu bieten hatte. Dazu kamen die kompromisslose Steifigkeit und ein beispielgebender Insassenschutz. Der R129 erhielt als erstes Mercedes-Cabrio einen Überrollbügel (binnen 0,3 sec ausfahrbar). Außerdem weitgehend knicksichere A-Säulen. Neu waren die Integralsitze (Gurt und Kopfstützen integriert).
Das Auto nutzte die Antriebstechnik der parallel gebauten S-Klasse-Modelle. Dies war zunächst der W126, gefolgt von dem W140 und nach dessen Auslaufen der Nachfolger W220. Anfangs standen die Modelle 300SL, 300SL-24 (erstes Modell optional mit Fünfstufen-Automatik) und 500SL (326 PS) in den Preislisten. Ab 1992 kam dann der erste Zwölfzylinder in den 600SL. Da die Bauzeit der SL-Modelle typischerweise deutlich länger war als die der entsprechenden S-Klasse-Limousinen, gab es auch beim R129 einen Modellübergang mit neuer Antriebstechnik. Im SL280 und SL230 sowie beim SL500 und SL55 AMG wechselte man vom klassischen Vierventil-Reihensechszylinder zu den neuen Dreiventil-V6-Motoren (Doppelzündung). In kleiner Stückzahl lieferte AMG Acht- und Zwölfzylinder-Sportversionen.
Alle zivilen 129er rollten auf 16-Zoll-LM-Rädern mit 225/55 ZR 16-Breitreifen. Neu waren die vorderen Vierkolben-Festsattel-Scheibenbremsen (gleichmäßigerer Verschleiß der Beläge). Stets gehörte beim SL das Anti-Blockier-System ABS zum Lieferumfang, der 500 SL hatte zudem serienmäßig eine Antischlupfregelung. Mit der Einführung der Fahrstabilitätsregelung ESP im Jahr 1995 gelangte das System ab September in den Roadster (Serie beim SL600, Option im SL500). Ab Dezember gesellte sich serienmäßig der Bremsassistent (BAS) hinzu: Der große Roadster erfuhr mehrere Modellüberarbeiten – 1995 (Facelift, neue Automatikgetriebe, modifizierte 5,0- und 6,0-Liter-Motoren), 1998 (neue Dreiventiler, leichtes Facelift) und 2000 (Technikmodifikationen). Insgesamt entstanden binnen gut zehn Jahren insgesamt 204.940 SL-Exemplare – darunter 103.500 Einheiten des SL500. Vom V12-Modell gab es nur 11.089 Stück. Andere Versionen, etwa ein Coupé mit festverbundenem Hardtop, war offiziell nicht lieferbar. Gleiches galt etwa für eine Flügeltür-Version, wie sie Karmann 1993 gebaut hatte.

DAIMLER-BENZ 1980-2000

GELÄNDEWAGEN
TYP 280 BIS 500G (W460 BIS 463) 1979-2018, UND TYP W461/W463 AB 2018

Die G-Klasse, die seit 1979 in Kooperation mit dem Steyr-Daimler-Puch-Konzern (seit 2001: Magna) in Graz produziert wird, ist ein Grenzfall. Eigentlich sprengt sie den Rahmen des vorliegenden Buches. Andererseits bedient sich gerade die Pkw-Version der Baureihe einer ausgeklügelten Gleichteilstrategie mit der Oberen Mittelklasse und der Oberklasse von Mercedes. Darum tauchen diese Fahrzeuge hier auf – wenn auch in extrem knapper Darstellung. Und die G-Reihe läuft noch immer, seit 2018 in neuer Version, die sich äußerlich kaum vom Vorgänger unterscheidet. Bis 2000 wurde der »G« auch als Puch G angeboten, zudem war er als Peugeot P4 VLTT in Frankreich im Einsatz.

Von der G-Klasse wurden drei »zivile« Aufbauvarianten hergestellt: ein Cabriolet, ein geschlossener Dreitürer (Station kurz) und eine fünftürige Langversion (Station lang). Die ursprüngliche Baureihe W460 lief bis 1990 (Modelle 230G/GE, 280GE; 240GD, 250GD u. 300GD). Insgesamt entstanden 89.211 Exemplare der 460er-Reihe. Anschließend wurden zwei Baureihen daraus generiert. Zum einen die Reihe W461 ab 1992 mit zuschaltbarem Allradantrieb und reduzierter Ausstattung für Behörden, Kommunen und Streitkräfte (Modelle 230GE, 290GD, 270GD, 280GD), die ab 2001 eine Zeitlang nur noch als Militärfahrzeug produziert wurde. Zum anderen die bis 2018 laufende Reihe W463 mit Pkw-mäßig gehobener Ausstattung und permanentem Allradantrieb (statt des zuvor eingesetzten starr zuschaltbarem Vorderradantriebs): als 200GE, 230GE, 300GE, G320, G36AMG, 500GE, G500, G55AMG, G63 AMG, G65, 250GD, G270CDI, 300 und G400CDI. Bis 2002 lieferte der Konzern 78.583 Wagen aus. Die Produktion des Modells mit kurzem Radstand wurde 2012 eingestellt, die Fertigung des Cabriolets 2013.

Aber das G-Modell lief unbeirrt weiter. Modellüberarbeitungen erfolgten 2007, 2008 und 2012, und die Nachfrage nach dem hochprofitablen Auto riss nie ab. Auf der Detroit Motorshow im Januar 2018 wurde dann die neue G-Klasse präsentiert. Trotz umfangreicher Weiterentwicklungen blieb es bei der Baureihenbezeichnung W463. Zu den Händlern kam die G-Klasse zunächst als G500 im Mai 2018 (ab 107.040 Euro). Die neue G-Klasse ist um 120 mm breiter und um 55 mm länger, sie weist 6 mm mehr Bodenfreiheit auf. Bei gleicher Motorisierung wurde das Fahrzeug dennoch 170 kg leichter als sein Vorgänger.

Der neue W463 verfügt über ein moderneres Fahrwerk (Einzelradaufhängung statt Starrachse vorn, hinten weiterhin Starrachse). Die serienmäßige Geländeuntersetzung wurde verkürzt. Zahlreiche Modifikationen des Exterieurs sind auf den ersten Blick kaum zu erkennen (beispielsweise aufgesetzte, im Crashfalle abtauchende Blinker auf dem Kotflügel). Das Interieur des Neuen wird vom digitalen Cockpit der S-Klasse dominiert. Stückzahlen und die künftige Laufzeit gelten indes als Geheimnis.

Mercedes-Benz G300 TD Turbodiesel von 1996

Das komplette Modellprogramm von 1981 – mit zweitürigem Cabrio, als Station kurz und als Station lang (viertürig)

Überarbeitetes Modellprogramm 2001 der G-Klasse

G63 AMG Dreiachser von 2013 mit V12-Motor, limitierte Auflage

G55 AMG lang aus dem Jahr 2001

Aktuelle Version der Baureihe W463

Einstiegsmodell ML230 von 1997

ML55 AMG von 2001, Scheinwerfer in Klarglasoptik

Mercedes-Benz ML320 von 1997 im amerikanischen Outfit

Der Mercedes-Benz ML400CDI gehörte zur Auslaufserie von 2004

SPORT UTILITY VEHICLES (SUV)

TYP 280 BIS 500ML (W163) 1997-2005

Mit der 1997 vorgestellten M-Klasse (W163) betrat DaimlerChrysler absolutes Neuland – handelte es sich doch um den ersten SUV der Marke – damals noch »Sportliches Mehrzweckfahrzeug« genannt. Produziert wurde sie auf dem wichtigsten Markt für derartige Autos, in Tuscaloosa in den USA. BMW (Rechteinhaber für die Bezeichnung »M«) genehmigte zwar den Begriff M-Klasse, die Modelle selbst mussten aber unter dem Kürzel »ML« vermarktet werden. Besonderheit des knapp 4,70 m langen Neuen war, dass er noch ein separates Chassis nutzte und sehr robust ausgelegt war. Andererseits hatte der mit einem Radstand von 2,82 m versehene Wagen ringsum Einzelradaufhängung. Die maximal zulässige gebremste Anhängelast betrug damals stolze 3.500 kg, das Leergewicht der Fahrzeuge lag zwischen 2.120 und 2.230 kg.

Der Antriebsstrang war für permanenten Allradantrieb ausgelegt, auf Differenzialsperren wurde jedoch verzichtet – für Traktionsgewinn sollte das ETS-System sorgen, das bei einem durchdrehenden Rad das Antriebsmoment für die anderen Räder erhöht. Zahnstangenlenkung, Scheibenbremsen rundum und ABS waren Technikfeatures des ML. Der Innenraum entsprach dem eines Pkw, lieferbar war aber eine zweite Fondsitzreihe. Die Markteinführung in Europa begann im März 1998.
Neben dem ML320 (150 PS) gab es den 230 (218 PS), dann gesellten sich der 430 (272 PS) und die Schleuderhilfe ESP hinzu. Ab Herbst 1999 wurden auch Dieselmodelle angeboten, zunächst der 270CDI (163 PS). Damals wurden noch Handschalter und optional Automaten angeboten. Aufgrund der hohen Nachfrage nach dem Modell und einiger Qualitätsmängel im Serienanlauf wurde 1997 bis 2002 wurde eine überschaubare Anzahl von Fahrzeugen (77.095 Einheiten) parallel in Graz (Österreich) bei Steyr-Puch gefertigt. Bis zur großen Modellpflege im Herbst 2001 gelang es, gleiche Qualität für die Fahrzeuge aus Amerika und die aus Österreich zu erreichen. Erkennbar waren die modellgepflegten Fahrzeuge an den neugestalteten Stoßfängern, neue Scheinwerfer in Klarglasoptik und geänderte Blinkleuchten. 17-Zoll-Leichtmetallräder gehörten nun zur Serienausstattung. Auch der Innenraum wurde aufgewertet. Und zwei neue Motoren kamen hinzu – ein 4,0-L-Diesel (250 PS) im ML400CDI und ein 5,0-L-Benziner (292 PS) im ML500. Zum Topmodell avancierte der ML55 AMG (347 PS).
Das Volumenmodell ML320 wurde im Dezember 2002 vom ML350 abgelöst (3,7 Liter, 235 PS), die anderen Motoren blieben erhalten. Der W 163 wurde so bis Frühjahr 2005 in insgesamt 647.738 Einheiten gebaut. Meistgeordertes Modell war der ML320 mit 282.614 Exemplaren. Auch vom ML wurde traditionsgemäß ein Exemplar für den Papst aufgebaut. Und der W163 liefert übrigens auch die technische Basis für den SsangYong Rexton II.

Die Versionen ML230 (1998-2000), 270CDI (1999-2001), 320 (1997-2001) und 430 (1998-2001) unterschieden sich äußerlich nur in Details.

DAIMLER-CHRYSLER/DAIMLER 2000 – 2022

KOMPAKTKLASSE
TYP A150 BIS A200 TURBO (W169/C169) 2004-2012
TYP B150 BIS B200 TURBO (T245) 2005-2011

Die zweite Generation der A-Klasse ab Herbst 2004 kam in zwei Versionen: als preisgünstigerer Dreitürer (C169) und als 25 kg schwererer Fünftürer (W169). Sie war 1.764 mm breit (+ 45 mm) und 3.838 mm lang (+ 263 mm), der Radstand (2.568 mm) blieb gleich. Dafür entfiel die Ausführung mit langem Radstand. Es blieb beim Sandwichboden-Konzept und dem schräg quer eingebauten Motor.

Vier Benziner standen zur Wahl: A150 mit 1,5-Liter (95 PS), A170 mit 1,7-Liter sowie A200 mit 136-PS-2,0-Liter und ab Juli 2005 A200 Turbo mit 2,0-L-Benziner (193 PS). Zudem wurden drei Versionen mit 2,0-L-Diesel angeboten: als A160 CDI, A 180CDI und A200 CDI. Ein Facelift von Mitte 2008 brachte Retuschen wie größere Scheinwerfer, dominanter Kühlergrill mit breiten Querstreben, kantige Frontschürze, neue Alu-Räder, niedrigere Heckleuchten. Ab dem Facelift hieß der Dreitürer »Coupé«. Zudem lief der A150 jetzt als A160 sowie der A170 als A180.

Dazu kamen Verbrauchsreduzierungen. Den A160 CDI gab es als BlueEffiency-Version (anders als der Benziner ohne Startstopp-System). Stärkster Diesel blieb der 200 CDI (140 PS) für Coupé und Limousine. Ohne Aufpreis gab's nun A150 und A170 BlueEffiency mit Startstopp-System. Die Baureihe lief im Frühjahr 2012 aus, wobei das Coupé nach 108.000 Einheiten bereits im Juli 2010 verschwand. Bis Ende 2011 war eine Million A-Klassen (davon 820.000 Fünftürer) der zweiten Generation ausgeliefert worden.

Abgeleitet von der W169-Reihe war die eng verwandte B-Klasse (T245) ab Sommer 2005 (ausschließlich als Fünftürer). Sie hatte dieselben Spurweiten wie die A-Klasse, aber 21 cm mehr Radstand (2.778 mm) und 43 cm mehr Außenlänge (4.270 mm). Das Ladevolumen der B-Klasse lag bei 544 bis 2.245 Liter (Fondsitze und Beifahrersessel ausgebaut). Eine elektromechanische Servolenkung vereinfachte das Rangieren. Dazu kam das selektive Dämpfungssystem.

Antrieb der B-Klasse mit sechs Vierzylindern der A-Klasse: ein 1,5-Liter (B150), ein 1,7-Liter (B170) und zwei 2,0-Liter (B200 und B200 Turbo) sowie zwei 2,0-L-Diesel für B180 CDI und B200 CDI. Mitte 2008 wurde der größere Kompakte überarbeitet (Grill, Stoßfänger, Spiegel, Rückleuchten). Startstopp-System sowie Bremsenergierückgewinnung nur im neuen B150 und im B170 BlueEffiency. Eine Sparversion des Diesels gab es zunächst nicht.

Neu im Angebot war der B170 NGT, dessen 2,0-L-Motor sowohl mit Erdgas als auch mit Superbenzin lief. Die Reichweite im Gasbetrieb lag bei rund 300 km, mit dem Benzinvorrat ließen sich weitere 700 km absolvieren. Das Kofferraumvolumen reduzierte sich wegen der Gasflaschen von 544 auf 416 Liter. Neu war zudem ein Parkassistent, der das Auto selbsttätig in die Parklücke bugsierte. Die Van-artige B-Klasse lief bis 2011 in Rastatt und wurde insgesamt zirka 700.000-mal produziert.

A170 (2004), eleganter gezeichnet als der Vorgänger (W168)

Mercedes-Benz B170 NGT (2008) mit bivalentem Antrieb

Erstmals wurde die A-Klasse sofort als Drei- und als Fünftürer angeboten

Mercedes-Benz A-Klasse Facelift-Version (2008)

B-Klasse (2005), beliebt bei Senioren und Taxibetrieben

DAIMLER-CHRYSLER/ DAIMLER 2000-2022

Mit dem neuen Jahrtausend setzte Daimler-Chrysler, dann Daimler und schließlich die Mercedes-Benz Group neue Akzente auch in der Modellpolitik. A- und B-Klasse gerieten völlig neu, C-, E- und S-Klasse bekamen zweitürige Ableger sowie SUV-Derivate, und auch völlig eigenständige AMG-Sportwagen blieben im Programm. Dazu gesellten sich Hybride und Elektrofahrzeuge.

A250 und A280 CDI (2012), vor dem Facelift. Das Sandwichboden-Konzept war aufgegeben worden (4,29 m Länge, 1,78 m Breite, 18 cm flacher)

B250e Electric Drive aus dem Werk Rastatt (2013). Technik vom Tesla Model S. Sogar eine limitierte Fuel Cell-Variante gab es

2013er Modellprogramm der dritten A-Klasse-Generation mit der Steilhecklimousine 250 und dem CLA250, dazu der B220 (links)

Mercedes-AMG A45, Sonderversion mit sportiven Accessoires (2015)

B180 CDI BlueEffiency (2011)

DAIMLER-CHRYSLER/DAIMLER 2000 – 2022

KOMPAKTKLASSE
TYP A160 BIS A45 AMG (W176) 2012-2018
TYP B160 BIS B250 (W242/246) 2011-2018

Die fünfsitzige Steilheck-Limousine aus Rastatt (W176, ab 2013 auch von Valmet) – also die dritte Generation der A-Klasse – nutzte die Modulare Frontantriebsarchitektur (MFA). Der Kühlergrill mit Zentralstern und Doppel-Lamellen ähnelte den Roadstern von Daimler, der cW-Wert von 0,26 setzte einen Klassen-Bestwert. Bereits die Basis-Ausstattung war nahezu komplett. Die stärksten Modelle A250 BlueEfficiency und A220 CDI BE hatten Siebengang-Doppelkupplungsgetriebe (Serie). Vier Ausstattungslinien; Style, Urban, AMG Sport/Line sowie Sport, später geänderte Bezeichnungen.

In A- und B-Klasse (W242) saßen Diesel (OM651) und Benziner (M270). Außerdem gab es im 180 CDI den Renault-Diesel OM607 (109 bis 211 PS). Im März 2013 kamen der A180 BlueEfficiency Edition und der A180 CDI BE Edition hinzu. Im Juni 2013 erschien das Topmodell A45 AMG (2,0 Liter, 360 PS). Auch war nun der A250 4matic zu haben, ergänzt um den A220 4matic Im September 2014. Im Rahmen der 2015er-Modellpflege änderte sich die Bezeichnung der Diesel (statt »CDI« nur noch »d«). Schwächster Benziner war nun den A160 (102 PS); während der A250 Sport auf 218 PS und der A45 4matic auf 381 PS erstarkten. Die Leistung des Power-Diesels A220d stieg auf 177 PS, im März 2014 wuchs der Motor des A200 CDI von 1,8 auf 2,1 Liter.

Anfang 2018 endete die Baureihe W176 – im Vergleich zu den Vorgängern soll sie ungleich erfolgreicher gewesen sein. Die Jahresproduktion von A- und B-Klasse in Rastatt lag 2016 bei 300.000 Einheiten. Bereits vor der 176er A-Klasse war im November 2011 die zweite Generation der B-Klasse (W242) in Rastatt angelaufen. Facelift Ende 2014 (nunmehr W246). Die Grundform der Karosserie blieb fast gleich. Neu: überarbeitete Stoßfänger, größere Leuchten (optional Voll-LED).

A- und B-Klasse hatten bereits in der Basisversion eine fast komplette Technik- und Interieurausstattung (AMG Line als beste Ausstattung). Zunächst hatten zwei aufgeladene 1,6-Liter-Benziner mit Direkteinspritzung (B180 mit 122 PS und B200 mit 156 PS) sowie zwei 1,8-L-Common-Rail-Diesel B180 CDI mit 109 PS und B200 CDI mit 136 PS) Einzug gehalten. Im September 2012 wuchs die Palette um den B250 (211 PS) und im Dezember um den B220 CDI (170 PS). Anfang 2013 kam das Erdgas-Modell B200 Natural Gas auf den Markt. Weitere Updates des Motorenprogramms folgten. Neu waren zudem B200 CDI 4matic, B220 CDI 4matic sowie B250 4matic.

Für die Modelljahre 2013 und 2014 gab es Optimierungen und neue Motoren. Im November 2014 erfuhr die B-Klasse ein kleines Facelift mit geänderten Motoren. Die B-Klasse lief dann bis Dezember 2018 in Rastatt weiter; 2012 war die Produktion im ungarischen Kecskemét hinzugekommen.

DAIMLER-CHRYSLER/DAIMLER 2000 – 2022

KOMPAKTKLASSE
TYP GLA180 BIS AMG GLA45 (X156) 2014-2020 UND TYP CLA180 BIS AMG CLA45 (C117/X117) 2013-2018

Zwei sehr unterschiedliche Autos basierten auf der dritten A-Klasse (W176): der GLA (X156) und der CLA (C117). Auch sie basierten auf der MFA-Plattform.

GLA-Markteinführung mit sieben Typen (drei mit Otto- und vier mit Dieselmotor). Seit September 2014 GLA180 CDI als Diesel- und ab Februar 2015 GLA180 als Benziner-Einstiegsmodell. Die preisgünstigeren GLA180, GLA200 und GLA180 CDI hatten Frontantrieb, während der ab Juli 2014 angebotene AMG GLA45 serienmäßig Allradantrieb hatte. Alle stärkeren Modelle waren optional als 4matic lieferbar. Insgesamt gab es zehn Motor-/Antriebs-Kombinationen. Während die schwächeren GLA180, GLA200, GLA180 CDI sowie GLA200 CDI serienmäßig Sechsgang-Schaltgetriebe mit Start-stopp-Automatik hatten, waren GLA250 und GLA220 CDI sowie alle 4matic-Modelle mit Doppelkupplungsgetriebe ausgestattet. Verkaufsstart der dezent modellgepflegten Variante des GLA Frühjahr 2017. Der Kompakt-SUV GLA lief bis 2020 im Werk Rastatt weiter; zudem wurde er in China gefertigt.

Zweites Derivat der aktuellen A-Klasse war das viertürige CLA-»Coupé« (C117), mit Designanleihen beim größeren CLS. Unterschiede gegenüber der A-Klasse: Scheinwerfer, seitliche Lufteinlässe in der Schürze, Kühlermaske mit dem integrierten Stern. Das Interieur ähnelte dem von A- und B-Klasse. Der Schalthebel entfiel bei Typen mit Doppelkupplungsgetriebe, Handbremse durch eine elektrische Parkbremse ersetzt. Die Produktion des CLA, hatte im Januar 2013 in Kecskemét/Ungarn begonnen. Schon im ersten Verkaufsjahr wurden weltweit 59.200 Exemplare abgesetzt. Ab März 2015 zusätzlich Shooting-Brake-Variante (Reihe X117) bei den Händlern; im März 2016 erste Überarbeitung.

Motorisierungen zum Marktstart: 1,6-L-Direkteinspritz-Turbobenziner mit 122 PS oder 156 PS im CLA200. Im CLA250 kam ein 2,0-Liter mit 211 PS. Stärkster Diesel im CLA220 CDI (170 PS). Spitzenreiter ab Juni 2013 war der CLA45 AMG (360 PS). Ab September 2014 größeren Motor für CLA200 CDI, seitdem auch CLA200 CDI 4matic. Auch den CLA220 CDI gab es nun als 4matic-Variante, CLA220 CDI 4matic ab Anfang November 2014 Mehrleistung von 7 PS. Bereits in der Basisversion hatte der CLA ASR, ABS, BAS, ESP, Sechsgang-Schaltgetriebe (Eco Startstopp) sowie Parameterlenkung. Die stärksten Modelle wurden – wie beim GLA – ausschließlich mit Doppelkupplungsgetriebe verabreicht. 2018 endete die Produktion der ersten CLA-Generation.

Kompakt-SUV GLA250 4Mmatic (2013), vorgestellt auf der IAA 2013

GLA200 CDI (2014) aus dem Daimler-Werk Rastatt

CLA180 BlueEffiency Edition mit beispielhafter Aerodynamik und rahmenlosen Seitenscheiben (2013) mit einem cW von 0,22

Mercedes-Benz GLA220 CDI 4matic (2013), Allradantrieb inklusive Siebengang-Doppelkupplungsgetriebe gegen Aufpreis

CLA250 4matic (2013), 4x4-Antrieb mit variabler Momentenverteilung

Mercedes-Benz CLA250 4matic Shooting Brake (2015)

DAIMLER-CHRYSLER/DAIMLER 2000 – 2022

KOMPAKTKLASSE
TYP GLA180 BIS AMG GLA45 (H247) AB 2020, TYP GLB 180 BIS AMG GLB35 (X247) AB 2019 TYP CLA 180 BIS AMG CLA45 (C118/X118) AB 2019

Abgeleitet von der vierten A-Klasse (MFA2-Plattform) wurden ab Frühjahr 2018 wieder ein »viertüriges Coupé« CLA und ab Anfang 2020 der kleine SUV GLA. Als Derivat der neuen B-Klasse war zudem Mitte 2019 der SUV GLB hinzugekommen (ebenfalls A-Klasse-Plattform).

In Rastatt starteten der GLA200 und der Mercedes-AMG GLA35 4matic, gefolgt vom AMG GLA45 und dem AMG GLA45 S. Die zur Markteinführung angekündigte Plugin-Hybrid-Variante GLA250e wurde im März 2020 vorgestellt: 160 PS aus 1,3-Liter, Gesamtsystemleistung 218 PS, elektrische Reichweite bis 70 km. Auch der ab 2021 angebotene und äußerlich kaum anders gestaltete, vollelektrische EQA250 (H243, vgl. S. 215) basiert auf dem GLA. Gegenüber seinem Vorgänger ist der H247 mehr als 10 cm höher. Und im Vergleich zu A- und B-Klasse Sitzposition um 14 bzw. 5 cm höher. Größerer Bruder des GLA ist der zur IAA 2019 vorgestellte GLB (X247). Er verfügt optional über sieben Sitze und übertrifft damit den größeren GLC. Verkaufsstart Ende 2019 mit dem Sondermodell Edition 1. Das Topmodell Mercedes-AMG GLB35 war bereits gezeigt worden. Mit dem EQB erschien nach der Präsentation in China im April 2021 ein auf dem GLB basierendes Elektroauto (X243, vgl. S. 215), produziert wird der Elektro-SUV in Ungarn. Dank MFA2-Plattform nutzt er die Technik von A- und B-Klasse und vom CLA. Auch das GLB-Programm begann mit dem 1,3-L-Benziner (163 PS), dem 2,0-Liter (224 PS) und einem 2,0-L-Diesel (116, 150 oder 190 PS). Die AMG-Version des GLB befeuert der 2,0-L-Otto (306 PS) aus dem A35.

Die technische Basis für die nunmehr zweite CLA-Baureihe 118 ab März 2019 lieferte die A-Klasse (W177). Das »Coupé« (C118) wird seit A-Klasse Februar 2019 in Kecskemét produziert. Im gleichen Werk entsteht die ab September 2019 ausgelieferte Shooting-Brake-Version (X118). Der nobler ausgestattete und rund 2.800 Euro teurere CLA ist 26,5 cm länger und 3,4 cm breiter als die A-Limousine (Spurweiten CLA + 4cm, Kofferraum + 40 L). Der cW-Wert liegt bei 0,24.
Zum Verkaufsstart bekam der neue CLA den 1,3-L-Benziner (136 oder 163 PS), einen 2,0-L-Diesel (190 oder 224 PS) sowie einen 1,5-L-Selbstzünder (116 PS). Die beiden stärkeren Ottomotoren sind optional mit Allradantrieb zu haben. Spitzenmodell war der Mercedes-AMG CLA35 4matic (Auslieferung ab August 2019), bereits Juni 2019 Vorstellung Shooting Brake als 35 4matic. Im Sommer 2019 kamen die stärksten Versionen: AMG CLA45 4matic+ (387 PS) und CLA45 S 4matic+ (421 PS). Den Plugin-Hybrid CLA250e gibt es seit Mitte 2020 in beiden Karosserieversionen (Systemleistung 218 PS, elektrische Reichweite 79 km). 2023 erfolgte eine Modellpflege für CLA »Coupé« und Shooting Brake.

GLA Edition 1 vom Januar 2020, guter cW-Wert von 0,28

GLA von 2010, Laderaumvolumen 435 bis 1.430 Liter

GLB (2019) mit fünf Sitzplätzen, gebaut im mexikanischen Aguascalientes (und für den chinesischen Markt in Peking)

GLB (2019). Das ursprüngliche Showcar hatte mehr Offroad-Gags

CLA Shooting Brake (2019), wie das »Coupé« in Ungarn gefertigt

Mercedes-Benz CLA45 S 4matic (links) und A45 S 4matic (beide von 2019), beide mit gleicher technischer Basis, aber unterschiedlichen Radständen. Der CLA trägt Powerdomes auf der Haube, hat ein Heck im Stil des CLS und verfügt über rahmenlose Türen

Die komplette Baureihe 203 im Jahr 2004 (Facelift-Versionen). Üppige Serienausstattung, Ausstattungslinien Classic (Basis), Elegance (Chrom und Leder) und Avantgarde (sportlich). Ladevolumen des T-Modells mit serienmäßiger Reling: 470 bis 1.354 Liter (Limousine: 455 L)

Mercedes-Benz C320 (2003), ähnelte der damaligen S-Klasse

Mercedes-Benz C230 T-Modell von 2005 (Facelift-Version)

CLC220 CDI (2007), Radstand wie Limousine, 18 cm kürzer

Karmann-Unikat Sportcoupé 230K Cabrio, mit elektrohydraulisch öffnendem Softtop und Einhandbedienung auf Basis des zweitürigen 230K, im Jahr 2001 nur als Unikat

MITTELKLASSE

TYP C180 BIS C32 AMG (W203) 2000-2007, TYP C180 BIS C32 AMG T-MODELL (S203) 2001-2007 TYP C160 BIS C32 AMG SPORTCOUPÉ (CL203) 2001 – 2011

Die zweite C-Klasse (Reihe 203) lief von März 2000 bis August 2007. Sie war 10 mm länger als der W 202, hatte 25 mm mehr Radstand (2.715 mm) und einen cW von 0,26. Produziert wurde das im Januar 2001 eingeführte T-Modell (S203) im Werk Bremen, während die W203-Limousine bis Dezember 2006 aus Bremen, Sindelfingen sowie Rechts- und Linkslenkerversionen aus East London (Südafrika) kam. Das Sportcoupé (CL203) – ab Oktober 2000 – entstand in Sindelfingen (Frühjahr 2007 Produktionsverlagerung nach Juiz de Fora/Brasilien).

Neues Fahrwerk vorn mit einer Dreilenker-Konstruktion (statt Doppelquerlenker) und Zahnstangen- statt Kugelumlauflenkung. Sechsgang-Schaltgetriebe für alle. Ab 2002 auch Allradantrieb in C240 und C320, serienmäßig mit Fünfstufen-Automatik (für alle anderen als Extra). Im C220 CDI und im C200 K gab's neben Sechsgang-Schaltgetriebe und optionaler Automatik ein sequenzielles Schaltgetriebe (Sequentronic). Alle Vierzylinder-Modelle (Limousine und T-Modell) hatten 15-Zoll-Räder (16 Zoll für stärkere Modelle).

Limousine und T-Modell mit den gleichen Motoren. Einstiegsmodell war der C180 mit 2,0-L-Vierzylinder (129 PS), gefolgt vom Bestseller C200 Kompressor mit 163 PS und Stabi hinten (Motor ab 2000 auch in der E-Klasse). C200 CDI als Einstiegs-Diesel. 2,1-L-CDI-Diesel-Vierventiler bereits seit 1998 im W202 und E-Klasse. Der Fünfzylinder-Diesel im C270 CDI (170 PS) sorgte auch in der M-Klasse für ordentlich Vortrieb. Highlights: Fünfzylinder im C30 CDI AMG und Sechszylinder im C320 CDI (2005-2007).

Mit Sechszylinder-Benzinern (C230, C240, C280, C320, C350) war die 203er Reihe eine halbe Klasse höher positioniert. Spitzenreiter C32 AMG mit Sportfahrwerk und 3,2-L-V6-Dreiventiler (354 PS), 2001-2004 auch für Limousine und Kombi. Bug-/Heckschürze und Schwellerverkleidung standen auch für »zivile« Autos als Extra bereit. Ganz oben thronte der C55 AMG (mit 367 PS-V8), 2004-2007.
April 2001 kam das »Sportcoupé« als dritte Sub-Baureihe CL203 (große Heckklappe, fette Spoilerlippe, Gepäckraum 310 L). Die Außenhaut geriet eigenständig, selbst der schrägere Kühlergrill mit Stern war neu. Vier Motoren standen zur Wahl: der 2,0-Liter im C 180 (ab 47.000 DM), der aufgeladene 2,0-Liter im C200 K, der aufgeladene 2,3-Liter im C230 K und der 2,1-Liter-Common-Rail-Diesel im C220 CDI. Später auch AMG-Version und C200 CGI.

Trotz Auslaufs der Baureihe 203 lief der Zweitürer (Facelift 2004) als CLC weiter. Die Front der Karosserie wurde im Frühjahr 2008 ans Erscheinungsbild der C-Klasse W204 angepasst, dazu kamen ein verändertes Heck und modifiziertes Interieur. 160er-Einstiegsvariante ab 2005, aber auch 320er (272 PS). Streichung der Diesel ab Frühjahr 2010. Anfang Februar 2011 Produktionsauslauf des CLC.

DAIMLER-CHRYSLER/DAIMLER 2000 – 2022

MITTELKLASSE
TYP C180 K BIS C63 AMG (W204) 2007-2014
TYP C180 K BIS C63 AMG T-MODELL (S204) 2007-2014
TYP C180 K BIS C63 AMG COUPÉ (C204) 2011-2015

Die dritte C-Klasse (ab Frühjahr 2007) nahm Abschied von den Doppelleuchten. Die Limousine wuchs in allen Dimensionen: Länge 4.581 mm (+55 mm), Breite 1.770 mm (+42 mm), Radstand 2.760 mm (+45 mm). Das brachte mehr Platz (Schulterraum +40 mm, Kofferraum 475 Liter). Der cW-Wert sank je nach Modell auf 0,25 bis 0,33.

Je nach Ausstattungslinie saß der Mercedes-Stern auf oder mitten im Kühler. Mercedes vermied zu harte Fahrwerke und offerierte guten Federungskomfort. Als BlueEffiency (C200 CDI und C180 Kompressor) war die C-Klasse zudem sehr sparsam, aber mager ausgestattet (selbst Radio nur als Extra). Binnen Jahresfrist waren 14 Varianten der Limousine im Angebot – darunter der 457 PS starke C63 AMG und 4x4-Versionen für die Sechszylinder (C280, C350 und C320 CDI). 2011 größere Modellpflege. Der Viertürer wurde bis Mai 2014 produziert. Das neue T-Modell der C-Klasse kam im Dezember 2007 und lief bis März 2014. Es offerierte mehr Nutzwert als sein lifestyliger S203-Vorgänger, wobei der Innenraum dem der Limousine entsprach. Der Kombi war 1,5 cm länger als diese, was dem 485 bis 1.500 Liter großen Kofferraum zugutekam (steiler stehende Heckklappe). Den Fünfsitzer gab es ab Herbst 2007, er kostete rund 1.700 Euro mehr als die Limousine.

Serienmäßig gab es das von den großen Modellen her bekannten PreSafe, sieben Airbags und adaptiv arbeitende Stoßdämpfer. Der starke 3,0-L-Diesel gefiel durch seine Souveränität, die allerdings ihren Preis hatte. Optional erhältlich für das T-Modell mit dem großen Selbstzünder waren u.a. Heckklappe mit vollelektrischer Öffnungsfunktion, Siebenstufen-Automatik, Niveauregulierung, Sportpaket AMG oder Allradantrieb. Zulässige Anhängezuglast 1.800 kg.

Auf dem Genfer Salon 2011 debütierte eine dritte 204er-Variante – ein »echtes« Coupé, das die CLC-Klasse ablöste und ab Juni 2011 auf den deutschen Markt kam. Es basierte auf der zivilen C-Klasse (gleicher Radstand), war 4 cm flacher und wurde in Bremen prroduziert. Zum Marktstart gab es drei Ottomotoren (C180 BE, C250 BE und C350 BE) und zwei Diesel (C220 CDI BE und C250 CDI BE). Die beiden stärkeren Ottomotoren hatten eine Siebenstufen-Automatik, ansonsten gab's Sechsgang-Schaltgetriebe. Spitzenmodell war der nur 600-mal gebaute C63 AMG Coupé Black Series (517 PS) von 2011, das gleich motorisierte Schwestermodellgab's auch bei den Viertürern. Als letztes Modell der Baureihe wurde das 204er-Coupé noch bis Juni 2015 gebaut. Insgesamt entstanden 1,8 Mio 204er-Modelle.

Mercedes-Benz C320 CDI (links) und C350 T-Modell (2007)

Mercedes-Benz C320 CDI Avantgarde (Stern im Grill) und Elegance 180 K (Stern auf der Motorhaube)

Mercedes-Benz C63 AMG (2011)

Mercedes-Benz C250 CDI Coupé (2011)

Mercedes-Benz C250 BlueEffiency (2008), cW-Wert 0,25

Mercedes-Benz C250 AMG-Line Avantgarde

Mercedes-Benz C300 BlueTec Hybrid Exclusive Line von 2014. Ab 2015 lief der Diesel-Hybird als C300de

Die komplette C-Klasse Baureihe 205 im Jahr 2017 – mit Limousine, T-Modell, Coupé und Cabrio

Mercedes-Benz C-Klasse T-Modell (2015), 9,5 cm länger als das Vorgänger-Modell

Mercedes-Benz C63 AMG Medical Car für die Formel 1 (2015)

MITTELKLASSE

TYP C160 BIS C63 AMG (W205) 2014-2020
C160 BIS C63 AMG T-MOD (S205) 2015-2021

Im März 2014 kam die neue 205er-Reihe, die in Bremen, USA (Tuscaloosa/Alabama) und in Südafrika (Werk East London) produziert wurde. Die viertürige Limousine und später auch der Kombi waren in der Länge um rund 9,5 cm gewachsen, Radstand 2.840 mm. Dank eines intelligenten Materialmixes sank das Leergewicht um ca. 70 kg. Insgesamt stieg der Aluminiumanteil an der Karosserie von 9 % (W204) auf 48 %. Für einige asiatische Märkte eine um rund 10 cm verlängerte Stufenhecklimousine mit 2.900 mm Radstand (V205).

Die neue C-Klasse ähnelte äußerlich der S-Klasse und war in jeder Hinsicht ein Schritt nach oben. So bediente man sich auch bei der Fahrwerkstechnik bei den größeren Baureihen: Das neue Fahrwerk hatte nichts mit dem der Vorgängerbaureihe gemein. Die Vierlenker-Vorderachse bestand aus Alu, hinten saß eine Fünflenkerachse. Der Neue war das erste Fahrzeug auf der modularen Heckantriebs Architektur MRA. Serienmäßig war die Stahlfederung mit selektivem Dämpfungssystem, optional die adaptive Luftfederung (wie beim W213/E-Klasse ab 2016) mit fünf verschiedenen Modi, beim C350e war sie Serie. Das Agility-Control-Fahrwerke mit selektivem Dämpfungssystem gab es in drei Varianten (Komfortfahrwerk, sportliches Avantgarde-Fahrwerk und Sportfahrwerk).

Auf Energieeffizienz getrimmten Motoren wurden angeboten. vom 1,6-Liter über 2,0-L-; 3,0-V6- bis zum 4,0-L-V8-Benziner, dazu Vierzylinder-Diesel mit 1,6 und 2,1 Liter. Sogar ein Diesel-Hybrid war im Angebot. Alle Benziner waren aufgeladen. Die Modellbezeichnung hatte nichts mehr mit dem Hubraum, sondern ausschließlich mit der Einordnung des Leistungsniveaus zu tun. Sowohl der C200, als auch C250, C300 und der Hybrid C350e nutzten den gleichen 2,0-Liter.

Das Kombimodell kam im im September 2014 auf den Markt. Technik und Ausstattung wie bei den Limousinen (gleiche Motoren, Fahrwerksoptionen und Ausstattungen). Das T-Modell verfügte über einen Laderaum von bis zu 1.510 Liter, die Zuladung lag bei 575 kg. Mit Dieselmotoren angeboten wurden C180d, C200d, C220d (auch als 4matic), 250d (ebenfalls als 4matic) und Dieselhybrid 300h (ab Juli 2018). Bis 2015 liefen die Diesel unter der Bezeichnung »BlueTec«.

Benziner saßen im C160, C180, C200 (auch als 4matic), C250, C300, C400 4matic, C240 AMG 4matic, C63 und C63S sowie im Plugin-Hybrid C350e (mit Hochvolt-Lithium-Ionen Akku mit 6,38 kWh Kapazität zum externen Aufladen). Die Ladezeit an der Steckdose dauerte zwei Stunden, bis 31 km rein elektrisches Fahren waren möglich. Die 350e-Versionen wurden serienmäßig mit Luftfederung sowie Vorklimatisierung ausgestattet.

Im März 2018 gab es eine große Modellpflege. Ende 2020/Anfang 2021 lief die bis dahin rund 2,5 Millionen mal gebaute C-Klasse der 205er-Generation aus. Auf Basis der 205er C-Klasse waren 2015/2016 eine Coupé und eine Cabrio-Ausführung dazugekommen.

DAIMLER-CHRYSLER/DAIMLER 2000 – 2022

MITTELKLASSE
TYP C200 BIS AMG C63 COUPÉ (C205) 2015-2023
TYP C200 BIS AMG C63 CABRIO (A205) 2016-2023

Nach lediglich vier Jahren Laufzeit des Vorgänger-Coupés debütierte der neue C205 Zweitürer auf der IAA 2015, Auslieferung ab Dezember 2015. Auf gleicher Basis kam ab Frühjahr 2016 die Cabrio-Variante mit Stoffdach (A205). Beide waren gegenüber dem Vorgänger um 6 cm gewachsen (Coupé: 4.762 x 1.877 x 1.402 mm, Cabrio: 4.750 x 1.877 x 1.405 mm), behielten aber den Radstand von Limousine und T-Modell (2.840 mm). Das Gepäckraumvolumen betrug beim Coupé 355 bis 400 L, beim Cabrio waren es 285 bis 360 L.

Mercedes-Benz C250d 4matic Coupé (2015)

Sowohl Coupé als auch Cabrio waren auch mit Diesel (200d und 220d) und mit Allradantrieb zu bekommen. 2018 durchliefen Coupé (bis dahin Startpreis 38.000 Euro) und Cabrio (bis dahin ab 44.800 Euro) eine Modellüberarbeitung und erhielten nun den 1,5-L-Benziner mit elektrischer Unterstützung im C200/C200 4matic (184 PS): Kurzzeitig ließen sich 14 PS Extraboost abrufen. Zudem wird der C220d mit 194 offeriert, und die AMG-Version C43 4matic verfügte nun über den 390 PS starken 3,0-L-Biturbo-V6, wie er auch in Limousine und T-Modell gelangte. Die stärkste Motorisierung bot die C63 S-Variante mit 4,0-L-V8 (510 PS), die auch Coupé und Cabrio zugebilligt wurden.

Äußerlich änderte Mercedes zur Modellpflege Front- und Heckdesign. Serienmäßig leuchten C-Klasse Coupé und Cabrio fortan mit LED-Scheinwerfern. Außerdem gab's auf Wunsch ein digitales Display mit 12,3 Zoll Diagonale dort, wo bislang analoge Instrumente saßen (als Serienausstattung weiter im Programm). Das Infotainmentsystem erhielt als Topversion ein 10,25 Zoll großes Display auf dem Instrumententräger. Dessen Bedienung erfolgte über ein Touchpad mit haptischer Rückmeldung in der Mittelkonsole oder über das neue Lenkrad mit Touchpads für die Daumen. Die Assistenzsysteme reichen à la S-Klasse bis zur Distronic, welche beispielsweise die Geschwindigkeit je nach Streckenverlauf selbsttätig reduziert.
Ungeachtet der 2020/2021 eingeführten nächsten C-Klasse (W206) blieben die beiden Zweitürer zunächst im Programm.
Sie werden 2023 zusammen mit den E-Klasse-Zweitürern von der neuen CLE-Klasse abgelöst.

Mercedes-Benz C300 Coupé (2015)

Mercedes-Benz C63 S AMG Cabrio (2015) mit 510 PS starkem V8

Mercedes-Benz C-Klasse Cabrio (A205) und Coupé C205

Mercedes-Benz C400 4matic Cabrio (2015)

Mercedes-Benz C-Klasse All Terrain Avantgarde (2021), um 40 mm höhergelegt

Mercedes-Benz C300e (2021)

Mercedes-Benz C-Klasse Baureihe W206/206 (2021)

Mercedes-AMG C43 4matic T-Modell (2022)

MITTELKLASSE
TYP C180 BIS AMG C63 S E (W206) AB 2021 UND C180 BIS AMG C63 S E T-MODELL (S206) AB 2021

Die mittlerweile fünfte Generation der C-Klasse ersetzte im Frühjahr 2021 die Vorgänger-Baureihe, die Auslieferung begann im Juni. Neben der viertürigen Stufenhecklimousine (W206), dem Kombi (S206) und dem auf dem T-Modell basierenden, nach Vorbild der E-Klasse um 40 mm höhergelegten All Terrain sollen die Varianten Coupé (ab Ende 2022) und Cabrio (ab 2023) folgen.

Die Baureihe 206 basiert wie E- und S-Klasse (W223) auf dem Mercedes-Hinterradantriebs-Baukasten MRA II. Der Luftwiderstandsbeiwert entspricht mit 0,24 (Limousine) bzw. 0,27 (T-Modell) denen der jeweiligen Vorgängermodelle. Die Außenlänge wurde um 6,5 cm gegenüber der Vorgängergeneration vergrößert und beträgt 4,75m. Vom Längenzuwachs entfallen 2,5 cm auf den Radstand, der nun insgesamt 2.865 mm beträgt. Das Kofferraumvolumen blieb gleich.
Bei den Scheinwerfern wird nun anstelle von Halogenlicht serienmäßig LED-Technik eingesetzt (optional Digital Light wie in der S-Klasse). Neu ist auf Wunsch für die Kombiversion ein Anhängerrangier-Assistent. Das Fahrzeug hat eine neue Vierlenkerachse vorn und eine Mehrlenker-Hinterachse (Raumlenkerachse) mit einem hohen Alu-Anteil. Als Sonderausstattung ist eine Hinterachslenkung mit einem Lenkwinkel von 2,5 Grad (S-Klasse: 10 Grad) zu haben; der Wendekreis verringert sich mit der Hinterachslenkung um 0,4 m auf 10,6 m. Das T-Modell ist hinten serienmäßig luftgefedert.

Gegenüber dem Vorgänger gibt es ausschließlich aufgeladene Vierzylinder-Benziner – einschließlich der neuen AMG-Triebwerke (M139). Die Fahrzeugbezeichnungen suggerieren etwas anderes. So hat der im September 2022 vorgestellte AMG C63 S E Performance keineswegs einen V8, sondern einen Reihenvierzylinder. Alle Vierzylinder-Benziner sind mit einem integrierten Startergenerator (15-kW-E-Maschine) sowie 48-Volt-Bordnetz ausgestattet. Der ab Mitte 2023 angebotene AMG C63 mit 680 PS Systemleistung ist die stärkste C-Klasse aller Zeiten.

Der kleinste Ottomotor sitzt im C180 (170 PS), gefolgt vom C200 (204 PS) – beide mit 1,5-Liter. Der Motor des C300 hat einen 2,0-Liter (258 PS, mit Overboost kurzzeitig 36 PS mehr). 3,0-L-Dieselmotoren unterschiedlicher Auslegung sitzen im C200d (163 PS), im 220d (200 PS) und im C300d (265 PS). Die Turbolader haben beide eine verstellbare Leitschaufel an der Turbine und sind wassergekühlt. Aktuell werden alle Motorisierungen mit dem Neunstufen-Automatikgetriebe kombiniert.

Mercedes-AMG C63 S Turbo E Performance (2022)

Dazu kamen ein Plugin-Hybrid mit Ottomotor (C300e) und einer mit Diesel (C300de). Letzterer kann wahlweise mit Allradantrieb bestückt werden. Die Plugin-Hybrid Modelle werden elektrisch angetrieben und haben eine Reichweite von rund 100 km.

DAIMLER-CHRYSLER/DAIMLER 2000 – 2022

OBERE MITTELKLASSE
TYP E200 K BIS E63 AMG (W211) 2002-2009 UND E200 K BIS E63 AMG T-MODELL (S211) 2003-2009

Die 211er-Limousine (Debüt Januar, Verkauf ab März 2002) überzeugte – Außenmaße 4.818 x 1.822 x 1.452 mm, Radstand 2.854 mm, cW-Wert 0,26. Start mit E240, E320, E500 sowie den Dieseln E220 CDI und E270 CDI. Nachgereicht E200 und E55 AMG (mit 476 PS bis dahin stärkste E-Klasse) sowie E200 CDI, E320 CDI und E400 CDI (mit 260 PS damals weltweit stärkster V8-Diesel, ab 2005 als 420 CDI mit 314 PS). Neu ab 2004 war eine NGT-Erdgasversion für Gas- und Benzinantrieb (Basismotor 1,8-L-Benziner vom E200 K). E200 NGT aber nur als Limousine (Verbrauch umgerechnet 6,1 L/100 km). Ende 2004 startete der E350 mit neuem 272-PS-Sechszylinder. Ab Sommer 2005 Ablösung bisheriger Fünf- und Sechszylinder-Reihentriebwerke durch V6-CDI-Diesel.

Die 32 mm längere und 44 mm höhere Kombi-Variante der (S211) mit cW 0,30 kam als lifestyliges Freizeitgefährt (Vorstellung Januar, Verkauf ab März 2003). Das T-Modell erhielt fast alle Motoren der Limousine. Noch vor der Modellüberarbeitung 2006 hielten neue Sechszylinder Einzug (E280 CDI mit 190 PS) und E320 CDI mit 224 PS). Üppige Serienausstattung, u.a. Klimatisierungsautomatik, Multifunktions-Radio, Tempomat, fünf Kopfstützen, zweistufige Airbags sowie Window- und Sidebag vorn, ABS, ESP, SBC, Servolenkung und Zentralverriegelung. Die meisten Modelle hatten Sechsgang-Getriebe, obendrüber bzw. als Option gab es eine Fünfstufen-Automatik.

Ab Juli 2005 waren die neuen Diesel-Modelle auch als 4matic lieferbar, bei den Benzinern war der 4x4-Antrieb bereits ab Herbst 2003 zu haben. Er stammte aus der M-Klasse (ohne Getriebeuntersetzung). Zusammen mit den Benzinern E280 4matic, E350 4matic und E500 4matic gab's die E-Klasse nun mit fünf Allradvarianten (alle serienmäßig mit Automatik und Niveauregulierung hinten).

Die zwei Sonderschutz-Limousinen der E-Klasse (E320 und E500) ab 2003 entsprachen der europäischen Widerstandsklasse B4. Eine Coupé- oder eine Cabrio-Version gab es nie, deren Aufgabe nahm der CLK wahr. Aber ab 2006 wurde die E-Klasse als V211-Langversion in Peking gebaut. Mitte 2006 große Modellüberarbeitung (rund 2.000 Teile erneuert). Sechs von zehn Motoren der neuen 211er-Generation waren Neu- oder Weiterentwicklungen. Neu war auch die jetzt stärkste E-Klasse – der E63 AMG mit 514-PS-Saugmotor-V8. Ab Herbst 2007 erschienen emissionsgünstigere BlueTec-Diesel (zuerst als E300 BT).

Insgesamt entstanden 1,5 Millionen E-Klassen, darunter 1.270.000 Limousinen und 230.000 T-Modelle. Beliebteste Typen waren der E220 CDI und der E350 (je 10 % des Absatzes). Insgesamt wählten rund 40 % der Käufer einen Diesel.

Mercedes-Benz E320 (2002), Kofferraumvolumen 540 Liter

Mercedes-Benz E320 Avantgarde (2008)

Mercedes-Benz E63 AMG (2006

Mercedes-Benz E300 BlueTec (2007). Mit schicker, Coupé-hafter Linienführung, flacheren Rundleuchten und neue Rückleuchten

Mercedes-Benz E500 Guard, Facelift-Version (2006)

Mercedes-Benz E420 CDI (2005)

Mercedes-Benz CLS320 CDI (2009)

Mercedes-Benz CLS350 CGI (2007), mit neuem Benzin-Direkteinspritzer

Facelift-Variante Mercedes-Benz CLS280 (2008)

Mercedes-Benz CLS500 (2004), in der Werbung gelegentlich als »weltweit erstes viertüriges Coupé« bezeichnet

Mercedes-Benz E63 AMG (2006)

OBERE MITTELKLASSE
TYP CLS280 BIS CLS63 AMG (C219) 2004-2010

Sportliche Limousine oder viertüriges Coupé? Als die Vision CLS auf der IAA 2003 gezeigt wurde (Markteinführung Oktober 2004), war die Publikumsreaktion einmütig positiv. Das Fahrzeug mit der eigenständig gezeichneten Karosserie basierte auf der 211er-E-Klasse (gleicher Radstand, aber länger und breiter: 4.910 x 1.873 x 1.390 mm). Auffällig waren die modifizierte Front, die keilförmige Seitenlinie mit den winzigen Glasflächen für die Fondpassagiere und das kühn geschwungene Dach (das hinten die Kopffreiheit arg minimiert). Mercedes wagte sich damit weg von der Zeitlosigkeit hin zum Modischen (Kritik: »The end of German Design«). Mit dem CLS wollten die Stuttgarter die Nische zwischen Oberer Mittelklasse und Oberklasse schließen.

Der Neue debütierte als CLS350 mit 272 PS und CLS500 mit 306 PS, dazu kam 2005 der CLS 55 AMG mit 476 PS. Fürs Modelljahr 2007 (also nach der ersten Modellpflege 2006) folgten drei neue Motoren: ein 3,5-Liter-Benzin-Direkteinspitzer mit 292 PS im CLS 350 CGI (Strahleinspritzung, die eine Magerschichtung im Brennraum erlaubt), ein größerer 5,5-Liter für den CLS 500 und ein 6,2-Liter-V8 für den CLS 63 AMG mit 514-PS-Sauger (der den 55 AMG ablöste). Im Fühjahr 2005 hatte sich die Dieselvariante CLS320 CDI (224 PS) hinzugesellt. Ab April 2008 ergänzte der CLS280 (231 PS) die Palette, der mit dem CLS320 CDI künftig den Einstieg bildete. Ab April 2009 wurde der CLS280 in CLS300 und der CLS320 CDI in CLS350 CDI umbenannt. Der Achtzylinder-Diesel wurde dagegen nie eingesetzt, auch Vierzylinder-Selbstzünder waren kein Thema im CLS.

Der C219 war serienmäßig mit einer Siebenstufen-Automatik, Stoff-/Lederausstattung, Edelholzzierteilen und Leichtmetall-Felgen ausgestattet. Der Tank fasste 80 L, das Leergewicht lag zwischen 1.730 und 1.920 kg. Luftfederung gehörte bei den V8-Modellen zum Lieferumfang. Optional wurden beispielsweise Xenon-Scheinwerfer, Abstandsregeltempomat und Keyless Go (schlüsselloser Zugang) angeboten. Nur den Allradantrieb gab es nie für den CLS. Anfang 2008 kam ein kleines Facelift, das einen geänderten Kühlergrill, eine Frontschürze mit sichtbaren Rautengitter, LED-Leuchten, veränderte ovale Endrohre, neue Außenspiegel sowie neue Räder mit sich brachte. Der Innenraum bekam ein neues Lenkrad, die neue Telematikgeneration sowie ein modifiziertes Kombiinstrument.

Am 26. Juli 2010 wurde der letzte C219 gebaut – seit Herbst 2004 waren über 170.000 Fahrzeuge produziert und ausgeliefert worden. Größter Markt waren die USA, an zweiter Stelle kam Deutschland. Beliebteste Variante war der 500er, während der sparsame Diesel nur in bestimmten Ländern angeboten wurde – dort aber außerordentlich gefragt war. Gegenüber der vergleichbaren E-Klasse (mit der sogar der Radstand übereinstimmt) war der exklusive und etwas besser ausgestattete CLS 8.000 bis 10.000 Euro teurer.

DAIMLER-CHRYSLER/DAIMLER 2000 – 2022

OBERE MITTELKLASSE
TYP E180 BIS E63 AMG (W212) 2009-2016 UND E180 BIS E63 AMG T-MODELL (S212) 2009-2016

Auch die 212er-E-Klasse gab es als Limousine (W212, ab März 2009) und als Kombi (S212, ab November). Coupé und Cabriolet bildeten als C207 bzw. A207 die Reihe 207. Statt rundlichem nun eckigeres Design, mit größerem Grill und anderen Leuchten. Radstand 2.874 mm (+ 20 mm), Außenmaße 4.869 x 1.854 x 1.470 mm, cW-Wert nur 0,25. Karosserie ca. 30 % steifer. Direct-Control-Fahrwerk, hinten modifizierte Raumlenkerachse. Zahnstangenlenkung (optional Direktlenkung).

Serienausstattung mit Klimatisierungsautomatik, Handschuhfach gekühlt, Attention Assist, LED-Heckleuchten, Tagfahrlicht, H7-Projektionsscheinwerfern, Drei-Lamellen-Kühlergrill und 16-Zoll-LM-Räder (17 Zoll bei Allradantrieb). Innenraum mit mit fünf analogen Rundinstrumenten im Kombi-Instrument, Multifunktionslenkrad, zentralem Farbdisplay, Radio/CD-System. Ausstattungslinien Elegance (Vier-Lamellen-Grill) und Avantgarde (15 mm Tiederlegung, Drei-Lamellen-Grill), außerdem Exklusiv-Paket, Sport-Paket Exterieur und Sport-Paket AMG. Fürs T-Modell zwei versenkbare (Kinder-)Sitze im Kofferraum. Anfang 2013 große Modellpflege – mit geänderter Front (erstmals auch Avantgarde-Ausführung mit Stern im Grill). Basisversion und Elegance-Line nun mit Drei-Lamellen-Grill (weiter mit Stern auf der Haube), Kombi-Instrument nur noch mit drei Analoguhren. Dazu neue Assistenz- und Sicherheits-Systeme.

Alle Benziner und Diesel als Direkteinspritzer. Vierzylinder-Modelle als Sechsgang-Schalter. E250 CGI BlueEffiency wurde bis Mai 2011 mit einem Fünfstufen-, danach mit der Siebenstufen-Automatik mit Startstopp-Automatik geliefert. Sechs- und Achtzylinder-Modelle mit Siebenstufen-Automaten (ab Sommer 2011 verbesserte Automatikgetriebe mit Startstopp-System). Neu war der Wählhebel der Sechs- und Achtzylinder an der Lenksäule, die Vierzylinder-Motoren wechselten im September 2011 zur gleichen Position (vorher Schaltknauf in der Mitte).

Im Juli 2010 überarbeiteter E350 CDI BlueEffiency (265 PS), bisheriger E350 CDI BE lief leicht optimiert als E300 CDI BE weiter. Entfall E200 CDI BE (204 PS). Ab März 2011 neuer E200 NGT BE, und ab September 2011 kamen V6- und V8-Ottomotoren aus dem CLS. Zudem gab's ab ab September 2011 den E300 BE (252 PS) aus dem CLS. Kein V8-Diesel mehr im W212. Spitzenversion AMG E63 (S) auch als T-Modell, dazu Hybridmodelle.

Zur Modellpflege 2013 neue 2,0-L-Vierzylinder (E200 mit 184 PS; E250 mit 211 PS). Dazu neuer 3,0-L-V6-Biturbo im E400 (333 PS). Geänderte Sechszylinder-3,0-L-Diesel: E300 BT mit 231 PS und E350 BT mit 252 PS, beide mit BlueTec-Harnstoff-Einspritzung. Die 212er liefen von Anfang 2009 bis Januar 2016 (Limousine) bzw. Mai 2016 (T-Modell) im Werk Sindelfingen.

Mercedes-Benz E200 CDI BlueEfficiency (2009), vor dem Facelift

Mercedes-Benz E63 AMG T-Modell (2013)

Langversion Mercedes-Benz V212 von 2010 (China-Version)

Mercedes-Benz E300 BlueTec Hybrid Limousine (Elegance), E350 4matic Limousine (Avantgarde) und T-Modell E250 (Facelift-Versionen 2012)

Mercedes-Benz E350 CDI Elegance, und 350 CGI (2009), vor dem Facelift

Facelift-Ausführungen Mercedes-Benz Coupé E500 und Cabrio 350 BlueTec (2013)

Mercedes-Benz E350 CDI (2009)

Mercedes-Benz E250 CGI (2013)

Mercedes-Benz W212-Familie mit Coupé E500 Sportpaket und Cabrio E350 CGI, 2009 zur Markteinführung

Mercedes-Benz 350 CGI (2009)

OBERE MITTELKLASSE
TYP E200 BIS E500 COUPÉ (C207) 2009-2016 UND E200 BIS E500 CABRIO (A207) 2010-2017

Die von 2009 bis 2016/2017 angebotenen E-Klasse-Coupés/Cabrios der Baureihe 207 lösten die vorherigen CLK-Modelle (Reihe 209) ab. Das Coupé (C207) war ab Mai 2009 zu haben, das Cabrio (A207) folgte im März 2010. Genau wie zuvor beim CLK stammte die Bodengruppe von der 204er-C-Klasse (Radstand 2.760 mm; Außenmaße: 4.700 x 1.786 x 1.397 mm). Technisch gesehen stammten beim Coupé immerhin ca. 60 % von der E-Klasse W212. Der cW-Wert des Coupés lag bei guten 0,24. Das neue E-Klasse-Cabrio kam mit einem raffinierten, zweiteiligen Stoffverdeck (Aircap), das über eine ausfahrbare Windlamelle oberhalb der Frontcheibe und einem dreifach verstellbaren Windschott zwischen den Kopfstützen der hinteren Sitze verfügte. Zudem war in den vorderen Kopfstützen eine Nackenheizung (Airscarf) installiert.

Nur wenige Motoren standen zur Verfügung: Diesel für E250 CDI BlueEffiency und E350 CDI BE, dazu Benziner in E250 CGI BE, E350 CGI BE und E500. Mit Einführung des Cabriolets erhielt auch das Coupé zwei neue Einstiegsmotoren (E200 CGI BE und E220 CDI BE). Im April 2011 kam für beide Zweitürer ein leistungsgedrosselter 3,5-L-V6 mit 252 PS hinzu – er saß im E300 BlueEfficiency und ebenso im E350 BE (hier mit 292 PS). Zudem wurde die Fünfstufen- durch eine Siebenstufen-Automatik (mit Startstopp-Automatik) ersetzt. Bei den direkteinspritzenden Ottomotoren entfiel nun das Anhängsel »CGI« in der Modellbezeichnung. Im September 2011 wurde der 5,5-Liter-V8-Ottomotor im E500 durch den 4,7-L-V8-Direkteinspritzer (Biturbo) mit 408 PS im E500 BE abgelöst.
Mit der Modellpflege im Mai 2013 waren alle Vierzylinder-Benziner Neuentwicklungen mit 2,0 Liter Hubraum (184 PS im E200, 211 PS im E250) während die bisherigen Sechszylinder-Ottomotoren unverändert blieben. Hinzu kam ein neuer 3,0-Liter-V6-Biturbo im E400 (333 PS). Die Dieselmotoren wurden optimiert (V6 nunmehr mit BlueTec-Harnstoff-Einspritzung).

Zuvor waren die Zweitürer in Details weiter optimiert worden, einschließlich weiterer Ausstattungs-Features (beispielsweise Lenkrad aus dem CLS). Im Juni 2013 erfuhren Coupé und Cabrio eine Modellüberarbeitung. Für das E350 Coupé wurde erstmals Allradantrieb angeboten. Im September 2014 entfielen der E300 und der E350 (Ersatz durch E320 mit 3,0-L-V6), nur besagtes E350 4matic Coupé blieb im Programm. Nun wurden auch die Vierzylinder-Diesel auf BlueTec umgestellt. E220 BT und E250 BT bekamen optional eine Neunstufen-Automatik. Zur Serie gehören bei Coupé- und Cabriolet-Viersitzern nun das Agility Control-Fahrwerk mit selektivem Dämpfungssystem, Gurtbringer vorn und Easy-Entry-System. Sportivere Details bot das seit Anfang 2012 erhältliche Sport-Paket Exterieur, noch extremer gab sich das Sport-Paket AMG. Es enthielt 18-Zoll-Leichtmetallräder mit sechs Doppelspeichen, AMG-Styling an Front, Seitenschwellern und Heck, AMG-Lenkrad, Pedalanlage aus gebürstetem Aluminium, groß dimensionierte und gelochte Bremsscheiben, Sportparameterlenkung, Multikontursitze sowie schwarzen Dachhimmel.

DAIMLER-CHRYSLER/DAIMLER 2000 – 2022

OBERE MITTELKLASSE
TYP CLS350 BIS CLS 63 AMG (C218) 2011-2018
TYP CLS350 BIS CLS 63 AMG (X218) 2012-2018

Auch der neue CLS baute auf der damals aktuellen E-Klasse (W212) auf: Der Radstand blieb bei 2.874 mm, in Länge und Breite hatte der Luxusliner zugelegt (4.940 x 1.881 x 1.420 mm). Sein Debüt erlebte der C218 im Oktober 2010 (Vertriebsstart Januar 2011), dazu kam eine erstmals bei Mercedes eingeführte Shooting Brake-Version (X218) ab Oktober 2012. Das gestalterische Grundkonzept des ersten CLS blieb erhalten, Frontpartie ähnlich SLS AMG (Kühlermaske separiert). Der Shooting Brake hatte ein Fließheck mit großer Heckklappe. Einstiegspreis 59.857 Eureo (CLS250 CDI BlueEffiency), der Shooting Brake kostete mit 61.761 Euro fast zwei Tausender mehr.

Der schwungvoll geformte Innenraum war neu – angefangen vom Instrumententräger bis zum Wählhebel am Multifunktions-Lenkrad. Cockpit und vordere Sitzanlage waren in Coupé und Shooting Brake nahezu identisch. Letzterer bot mehr Platz (drei- statt zweisitzige Fondanlage) und Laderaum (590 bis 1.550 L). Serienmäßig waren ASR, ABS, BAS, ESP, Siebenstufen-Automatik, crashaktive Kopfstützen, Knie-Fahrerairbag, Zweizonen-Klimatisierungsautomatik, Adaptive Brake, PreSafe, BiXenon- und ab 2014 Voll-LED-Leuchten, Tempomat mit Bremseneingriff und Agility Control-Fahrwerk mit selektivem Dämpfersystem. Die Heckklappe des Shooting Brake ließ sich elektrisch betätigen, seine Rücksitzlehnen waren umklappbar.

Fünf Motoren standen zur Wahl: zwei Diesel (R4 und V6) sowie drei völlig neu entwickelte Benziner mit strahlgeführter Direkteinspritzung. Zum Marktstart im Januar 2011 gab es nur den erstarkten V6-Diesel im CLS350 CDI BlueEffiency mit 265 PS (ab September 2011 auch mit Allradantrieb) und den neu entwickelten V6-Ottomotor mit Direkteinspritzung im CLS350 BlueEffiency mit 306 PS. Im März folgten der aus der C-und E-Klasse bekannte Vierzylinder-Biturbo-Diesel im CLS250 CDI BE mit 204 PS und der neu entwickelte, 408 PS starke 4,6-L-Biturbo-V8 mit DI im CLS500 BE (ab September auch mit Allradantrieb). Spitzenmodell war der CLS63 AMG mit neuem 5,5-L-Biturbo-V8 mit Direkteinspritzung (525 PS). Optional gab es dazu das AMG Performance-Package (Leistungssreigerung auf 557 PS. Finales Topmodell war der CLS63 AMG 4matic S mit 585 PS. Neu ab Januar 2013 war der CLS350 BlueTec (auch mit 4matic) mit dem 3,0-L-V6-Dieselmotor mit Harnstoff-Einspritzung (252 PS).

Mit der Modellpflege im September 2014 änderte sich das Exterieur-Design nur geringfügig. Fortan verfügen alle Typen über einen Diamantgrill und größere Lufteinlässe im vorderen Stoßfänger. Die Heckleuchten wurden abgedunkelt. Auch das Interieur wandelte sich in Details (geändertes Lenkrad und freistehendes Achtzoll-Display). Entfallen war der CLS350 (Ersatz durch CLS400 mit 3,5-Liter-Biturbo-V6 mit 333 PS). Der CLS250 Diesel bekam das BlueTec-System und wurde auch mit Allrad angeboten. Neues Einstiegsmodell wurde der CLS220 BT mit 170 PS. Insgesamt gebaut: 200.000 CLS der 218er-Reihe.

Mercedes-Benz CLS350 CDI (2011)

Mercedes-Benz CLS500 4matic Shooting Brake (2012)

Spitzenmodell Mercedes-Benz CLS63 AMG Shooting Brake (2012), mit 5,5-L-Biturbo-V8 mit Direkteinspritzung (525 PS)

Mercedes-Benz CLS250 CDI Shooting Brake (2012)

Mercedes-Benz CLS350 (2011)

Mercedes-Benz E220d Avantgarde (2016)

Mercedes-Benz E400 4matic AMG-Line (2016)

Mercedes-AMG E53 Limousine und T-Modell (2020). Scheinwerfer und Heckleuchten glichen denen der S-Klasse

Mercedes-AMG E63 S (2019)

Die stets allradgetriebenen All Terrain-Versionen hatten Luftfederung und 20-Zoll-Räder. Marktstart mit dem 220d 4matic ab 58.101 Euro, danach 400d 4matic mit Sechszylinder-Diesel, beide mit Neunstufen-Automatik

OBERE MITTELKLASSE

TYP E200 BIS AMG E63 (W213) 2016-2023
TYP E200 BIS E63 AMG T-MODELL (S213) 2016-2023
E200 BIS E400D ALL TERRAIN (X213 BZW. S213 AT) 2017-2023

Die fünfte E-Klasse aus Sindelfingen gab es als W213-Limousine ab April und als S213-Kombi ab September 2016. Im März 2017 zusätzliches Crossover-T-Modell »All Terrain« (X213 bzw. S213 AT) mit 29 mm mehr Bodenfreiheit. Im März 2020 leichtes Facelift der Baureihe. Ab 2016 aus China eine 14 cm längere Version (V213) für asiatische Märkte. Eng verwandt mit dem 213 sind Coupé (C238) und Cabrio (A238), beide ab Mitte 2017. Wie C- und S-Klasse basiert die Baureihe 213 auf der modularen MRA-Plattform.

Der W212 war gewachsen (Radstand 2.938 mm, Außenmaße 4.950 x 1852 x 1.470 mm). Dank verringertem Tankvolumen (nur als Extra 66-Liter-Tank bzw. Serie bei E300, E400 und AMG-Modellen, hier auch 80-L-Tank) und mehr Aluminium sank das Gewicht um ca. 100 kg. Der Kofferraum des T-Modells (S213) verringerte sich im Vergleich zum S212 um 55 auf 640 Liter.
Nach dem geradlinigen Design des Vorgängers 212 nun wieder rundlichere Formgebung (ähnlich C-Klasse, GLA und S-Klasse-Coupé). Auch hier werden zwei Kühlergrillversionen angeboten: mit traditionellem Grill (Stern als Motorhaubenfigur) oder sportiver mit Längslamellen und großem Stern in der Mitte. Die neuen Modelle haben einen unveränderten cW-Wert von 0,26 (E200, E220d) bis 0,27 (E350 d). Das Cockpit verfügt optional über einen großen Monitor, dazu gibt's ein Head-up-Display.
Die E-Klasse kam mit diversen Vierzylinder-Benzinern (2,0-Liter-Direkteinspritzer mit Aufladung für E200/E200 4matic, E250, E300/E300 4matic und E350, im E300e/E300e 4matic und im E350e gekoppelt mit E-Motor). Einige Exportmärkte bekamen einen 1,6-L-Vierzylinder. Darüber positioniert wurden 3,0-L-Sechszylinder-Triebwerke (V oder Reihe) in E450 4matic, E43 AMG 4matic und E53 4matic+, ein 3,5-L-V6 im E400 4matic sowie ein 4,0-L-V8 in E63 AMG und E63 S 4matic+. Mit der Modellüberarbeitung Mitte 2019 kamen weiter optimierte Motoren.
Die Diesel waren teils neue 2,0-L-Vierzylinder im E200d, E220d/E220d 4matic, E300d/E300d 4matic sowie im Hybrid-Modell E300de. 2019 wich der 2,0-Liter-CDI im E200d einem 1,6-Liter. E350d/E350d 4matic erhielten einen 3,0 Liter großen V6, den ein Reihen-Sechszylinder ersetzte. Stärkstes Modell war der E400d 4matic mit 340 PS starkem 3,0-L-Diesel.
Was auf dem All Terrain-Sektor noch möglich wäre: Auf Basis eines 213er E400 T-Modells wurde als Unikat ein All Terrain 4×4^2 entwickelt (analog zum G 500 4×4^2) – mit Unimog- Portalachsen und extremer Bodenfreiheit, angetrieben von einem 3,5-L-V6-Ottomotor. Bodenfreiheit (420 mm) und Wattiefe (500 mm) machten das 2.100 mm breite Gefährt zu einem echten Offroader.

Im Sommer 2023 folgt die sechste Generation der E-Klasse (W/S214).

OBERE MITTELKLASSE
TYP E200 BIS E400 COUPÉ (C238) 2016-2023 UND E200 BIS E400 CABRIO (A238) 2017-2023

Mit Coupé und Cabrio der aktuellen 213er E-Klasse setzte Mercedes die Herstellung seiner klassischen Zweitürer in Bremen fort. Vorgänger waren die Zweitürer der Reihe C/A207. Der im Dezember 2016 erstmals präsentierte C238 stand seit April 2017 bei den Händlern, während das in Genf gezeigte Cabriolet – wiederum mit Stoffverdeck – erst im September 2017 ausgeliefert wurde. Im Gegensatz zum Vorgängermodell, das auf der Bodengruppe der damaligen C-Klasse aufbaute, basierte die neue Baureihe auf der E-Klasse: Der Radstand betrug 2.873 mm (statt 2.938 mm bei der Limousine und 2.760 mm beim 207er-Vorgänger). Auch In den Außenmaßen geriet es mit 4.830 x 1.860 x 1.430 mm zierlicher als die Limousine (4.950 x 1852 x 1.470 mm) – aber deutlich größer als der zweitürige Vorgänger (4.700 x 1.786 x 1.397 mm). Mit einem Leergewicht von 1.645 bis 2.055 kg erwies sich der neue Zweitürer als schwerer Brocken.

Zum Marktstart wurde das Coupé als auf 555 Exemplare limitiertes Sondermodell Edition angeboten. Das Cabriolet war als Erinnerung an die erste offene E-Klasse der Baureihe 124 als 25th Anniversary Edition im Angebot. Generell gab es Coupé und Cabrio ausschließlich mit 2,0- und 3,0-Liter-Benzinern (Reihenvierer in E200, E300, E350, Sechszylinder in E400 4matic, E450 4matic und E53 4matic +, letzterer mit E-Zusatzverdichter). Dazu angeboten wurden – auch fürs Cabrio – Diesel der gleichen Hubraum-Klassen: 2,0-L-Reihenvierer in E220d, E300d und E300d 4matic; Sechszylinder in E350d 4matic, E350d und E400d 4matic. Allradantrieb war für bestimmte Modelle serienmäßig, für andere optional zu haben.

Im Mai 2020 präsentierte Mercedes eine überarbeitete Version der Zweitürer-Baureihe.. Die LED-Leuchten in der der Facelift-Front (»A-Shape«-Grill mit Lamelle und Zentralstern) gerieten flacher, und die Rückleuchten wurden modernisiert. Auch das Interieur wurde aktualisiert (serienmäßig zwei 10,25 Zoll-MBUX-Displays). Coupé und Cabrio bekamen genau wie Limousine, T-Modell und All Terrain den Reihensechszylinder-Benziner M256 mit 48-Volt-Technik und integriertem Starter-Generator (ISG). Ein Elektromotor mit 16kW (22 PS) und 250 Newtonmetern (Nm) im Getriebe ergänzte die 272 PS des R6-Motors.
Das Motoren-Angebot der Zweitürer umfasste Vier- und Sechszylinder mit einem Leistungsspektrum von 197 bis 367 PS (Benziner) beziehungsweise 194 bis 340 PS (Diesel). Alle Motoren waren turbogeladen. Die Vierzylinder-Benziner hatten 10 kW Elektro-Unterstützung, der Sechszylinder im E450 4matic 16 kW. Allradantrieb war für E220d und E200 gegen Aufpreis erhältlich. Die Sechszylinder E400d und E450 waren serienmäßig mit dem Allradantrieb 4matic ausgestattet. Alle Motoren wurden serienmäßig mit einer modifizierten Neunstufen-Automatik kombiniert.

Das AMG-Topmodell E53 verfügte über einen doppelt aufgeladenen Reihensechszylinder mit elektrischem, Verdichter (16 kW Zusatzboost). Mit dem optionalen AMG Driver's Package lief es 270 km/h.

Mercedes-Benz E-Klasse Coupé (2016)

Mercedes-AMG E53 Coupé (Facelift 2020), bis 270 km/h

Mercedes-Benz E300 Coupé (2016), nunmehr basierend auf der E-Klasse und entsprechend schwerer als der Vorgänger

Mercedes-Benz A238-E-Klasse Cabrio (2017)

Mercedes-Benz E-Klasse Cabrio (2017), ausgestattet mit aufgeladenen Vier- und Sechszylindern und E-Boost-Unterstützung

Mercedes-Benz CLS300d 4matic (2021)

Mercedes-Benz CLS220d, IAA 2019 Foto: Kittler

Mercedes-Benz CLS53 AMG 4matic (2021)

Mercedes-Benz CLS53 AMG 4matic (grau) neben noch aufwändiger ausgestattetem Facelift-Modell von 2021

OBERE MITTELKLASSE
TYP CLS350 BIS AMG CLS53 (C257) AB 2018

Die dritte Ausführung der in Sindelfingen gebauten CLS-Klasse (C257) erlebte ihren Marktstart im März 2018 (Erstpräsentation November 2017). Sie basiert auf der letzten E-Klasse (W213), ihr Radstand beträgt gleichermaßen 2.939 mm Außenmaße: 4.990 x 1.890 x 1.430 mm. Als »viertüriges Coupé« bleibt der CLS der bisherigen Linie treu, die Shooting Brake-Version ist jedoch weggefallen. Dank der glattflächigeren Karosserie mit weniger Sicken sank der cW-Wert auf 0,26. Der sich nach vorne öffnende Frontgrill mit einer Querstrebe erinnert an den Mercedes-AMG GT.

Die Ausstattung erwies sich als ausgesprochen reichhaltig. Der Innenraum des CLS kombiniert Aspekte der E-und S-Klasse: Der Instrumententräger samt Handschuhfach wurde von den 2016 auf den Markt gekommenen E-Klasse-Coupé/Cabrios übernommen, derweil das Lenkrad eine leicht abgewandelte Version des Lenkrads der aktuellen S-Klasse (W222) darstellt. Die neuen Multibeam-LED-Scheinwerfer sollen bei Dunkelheit bis zu 650 m weit leuchten.

Binnen zwei Jahren standen folgende Triebwerke für die dritte CLS-Modellreihe zur Verfügung: 2,0-L-Reihenvierzylinder im CLS350 (299 PS + 14 PS Elektroboost) sowie elektrounterstützter 3,0-Liter-Reihensechszylinder im CLS450 4matic (367 PS + 33 PS) bzw. im AMG CLS53 4matic+ (435 PS + 22 PS), dazu 3,0-L-Reihenvierzylinder-Diesel im CLS220d (194 PS), im CLS300d (245 PS) und als Dieselhybrid im CLS300d 4matic (265 PS + 20 PS). Außerdem wurden zwei Reihensechser-Diesel mit 3,0 Liter Hubraum verabreicht – im CLS350d 4matic (286 PS) und im CLS400d 4matic (330/340 PS).
Bereits im zweiten Jahr nach der offiziellen Markteinführung kamen 2019 erste Modellpflegemaßnahmen zum Tragen. Die Änderungen umfassten unter anderem eine modifizierte Motorhaube mit zwei Powerdomes sowie eine neue Abrisskante in Verbindung mit der Ausstattungslinie AMG Line Exterieur. Eine weitere optische Überarbeitung erhielt die Baureihe im Jahre 2021. Zudem ist das AMG-Topmodell als auf 300 Exemplare limitierte Limited Edition erhältlich.

Mercedes-Benz CLS Edition 1 (2018), noch mit der ursprünglichen Motorhaube ohne die zwei Powerdomes

DAIMLER-CHRYSLER/DAIMLER 2000 – 2022

OBERKLASSE
TYP S280 BIS S65 AMG (W220) 1998-2005
TYP CL500 BIS CL65 AMG (C215) 1999-2006
TYP MAYBACH 57 UND 62 (W240) 2002-2012

Die S-Klasse der Baureihe 220 war war kompakter, ca. 250 kg leichter und strömungsgünstiger (cW 0,27 statt 0,31) als der W140. Dank seiner Ausmaße (5.038 x 1.855 x 1.444 mm, Radstand 2.965 mm/Kurzversion bzw. 3.085 mm/Langversion) blieb genug Distanz zur E-Klasse.

Die Serienausstattung ließ keine Wünsche offen (S600 mit Active Body Control ABC), 4matic gab es von 2002 bis 2005. Sechs- und Achtzylinder (Benziner und Diesel) waren meist mit beiden Radständen kombinierbar, dazu ein V12-Dreiventil-Benziner für die Langversion. Den Einstieg markierte bis 2002 der S320 (ersetzt durch S350). Durchgängig gab's den S320 CDI. Diesel-Topmodell war der S400 CDI mit 4,0-Liter-V8. Bereits 1999 waren äußerlich modifizierte AMG-Varianten dazugekommen: S55 AMG (V8) sowie S63 AMG L (Kleinserie 2002) und S65 AMG L (V12-Biturbo mit 612 PS). 2002 erfuhr die S-Klasse eine Modellpflege, und 2005 endete die Fertigung nach 484.683 Exemplaren (Spitzenreiter S320 CDI).

Seit 1999 Coupé-Baureihe C215 auf Basis des S-Modells (Radstand 2.885 mm / - 80 mm, 4.993 x 1.857 x 1.398 mm) als Nachfolger des C140. Serienausstattung mit ABC und weiteren Innovationen. Modellpflege im Juni 2002: Frontpartie mit Klarglas-Leuchten, geänderte Frontstoßfänger und Heckpartie. Topmodell CL600 mit 5,8-L-V12, bis 2003 Fünfstufen-Automatik, ab 09/2003 Siebenstufen-Automatik. Abgeleitet AMG-Versionen CL55 (plus 420-PS-Evo-Version mit 420 PS, nur 55 Ex.), CL63 mit V12 sowie CL65. Bis März 2006 wurden 46.800 Coupés der Baureihe C215 verkauft.

Auf der Elektronik-Plattform der S-Klasse W220 basierte der neue Maybach, wobei dessen Unterbau noch vom W140 stammte. Das Luxusgefährt nutzte feinste Mercedes-Technik und den erst 1960 erworbenen Herstellernamen. Die Limousinen bzw. Pullman-Limousinen gab es als Typ 57, 57S, 62 und 62S (Typenbezeichnungen entsprechend der Außenlänge) – mit 3.390 bzw. 2.855 mm Radstand. Sie maßen 5.728 bzw. 6.165 x 1.980 x 1.557 mm. Eingesetzt wurden V12 mit 550 PS bzw. 612 PS in den S-Versionen. Dazu kamen gepanzerte Ausführungen und Landaulet-Versionen. Außerhalb des Hauses entstand das Exelero-Coupé.

Die Auslieferung durch die neue Maybach-Manufaktur in Sindelfingen begann Ende 2002. Von den zwischen 300.000 und 500.000 Euro teuren Modellen konnten aber bis 2005 nur halb so viele Fahrzeuge wie geplant abgesetzt werden. 2004 wurden ca. 500 Maybach weltweit verkauft, 41 davon in Deutschland. Für 2005 verzeichnete man insgesamt 25 deutsche Zulassungen (32 in 2006, 29 in 2007, 26 in 2008, 31 in 2009). Im letzten Produktionsjahr 2012 wurden weltweit 234 Exemplare ausgeliefert, Fertigungsende 17. Dezember 2012.

Mercedes-Benz S400 CDI (1998)

Spitzenmodell Mercedes-Benz CL600 (1999) mit V12

Maybach 57 und 62 mit V12 und zwei verschiedenen Radständen (2002-2012)

Mercedes-Benz W220 als vollausgestattete Pullman-Limousine (1999)

Mercedes-Benz CL55 AMG mit V8 (2002)

Maybach Exelero Coupé, in winziger Stückzahl entstanden

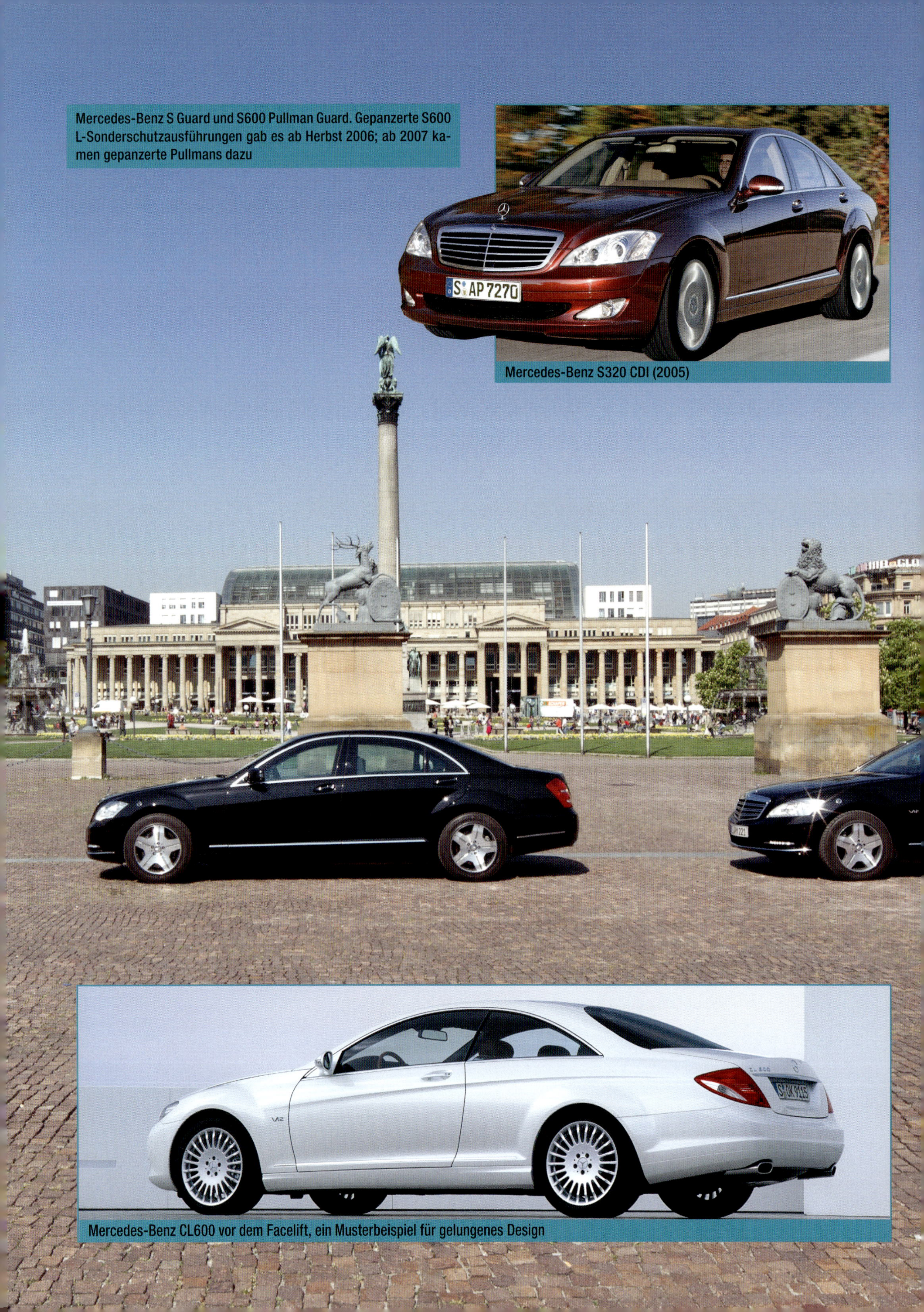

Mercedes-Benz S Guard und S600 Pullman Guard. Gepanzerte S600 L-Sonderschutzausführungen gab es ab Herbst 2006; ab 2007 kamen gepanzerte Pullmans dazu

Mercedes-Benz S320 CDI (2005)

Mercedes-Benz CL600 vor dem Facelift, ein Musterbeispiel für gelungenes Design

Mercedes-Benz S250 CDI BlueEffiency (2011)

OBERKLASSE

TYP S350 BIS S65 AMG (W221) 2005-2013
TYP CL500 BIS CL65 AMG (C216) 2006-2013

Nachdem der Vorgänger beim Generationswechsel leicht geschrumpft war, legte die neue 211er-S-Klasse (Präsentation IAA 2005) wieder zu: Die Luxuslimousine – wiederum mit zwei Radständen (Langversion V221 plus 13 cm) – verband modernste Sicherheitsausstattung mit bestem Federungs- und Antriebskomfort. Die Liste der Innovationen für den Neuen reichte vom Infrarot-Nachtsicht-assistenten über ein neues Bedien- und Anzeigesystem (Comand) bis zur volldigitalen Surround-Lautsprecheranlage. Die Motoren – V6, V8 und V12 – waren Neu- oder Weiterentwicklungen. Ihre Weltpremiere erlebte die S-Klasse mit dem 5,5-Liter-V8 mit 388 PS im S500 (USA-Bezeichnung S550).

Seit 2006 kam ein 235 PS starker 3,0-L-V6-Diesel mit Piezoeinspritzung und Partikelfilter in den S320 CDI 4matic (Ablösung des bisherigen Reihensechszylinders). Gekoppelt war der neue Diesel stets mit einer Siebenstufen-Automatik. Anschließend kam der V8-Selbstzünder im S420 CDI. Mercedes brachte im S250 CDI BlueEffiency im Jahr 2011 sogar einen 204 PS starken, doppelt aufgeladenen 2,1-Liter-Vierzylinder-Diesel.. Eine noch effizientere Lösung offenbarte der 231-PS-S300 BlueTec Hybrid von 2013 mit dem gleichen 2,1-Liter-Biturbo-Diesel sowie einem E-Zusatzaggregat.
Wie schon beim Vorgänger kam auch in der neuen S-Klasse das 4matic-Allradsystem optional zum Einsatz – nämlich ab Ende 2006 in den Typen S450, S500 und erstmals in einem Dieselmodell, dem S320 CDI. Ein halbes Jahr später gesellte sich der S350 4matic hinzu.

Auch diese S-Klasse wurde ab Werk als Sonderschutzfahrzeug (Widerstandsklasse B6/B7) angeboten. Zudem gab es die gepanzerte »Stretchlimousine« S600 Pullman Guard. Insgesamt entstanden bis 2013 mehr als 500.000 Exemplare des W221.
Abgeleitet von der Limousine war das seit Herbst 2006 angebotene Luxuscoupé (C216). Sein Radstand war um 8 cm verkürzt worden, die Karosserie gab sich völlig eigenständig. Erstaunlich agiles Handling, hervorragender Komfort und beste Alltagstauglichkeit kennzeichneten den Zweitürer (Abmessungen: 4.993 x 1.857 x 1.398 mm). CL500 und CL600 waren die Debütanten. Dem folgten der CL63 AMG (V8, 525 PS) und ab Herbst 2007 der CL65 AMG (V12, 612 PS), der Preisunterschied betrug aber über 70.000 Euro. Dieselmotoren wurden für den 2+2-Sitzer nicht offeriert.

Neben allen anderen Luxusfeatures wie Nachtsicht-Assistent, Absrandsregel-Tempomat, stufenlose Türbremse sowie Mild-Hybrid-Antrieb wurde erstmals auch Allradantrieb für das 500er-Coupé angeboten. Äußerlich blieb er unverändert – dank eines raumsparenden Verteilergetriebes, das die Bodenfreiheit nur minimal vergrößerte. Damit verbunden: 50 kg Zusatzgewicht, minimaler Mehrverbrauch und über 4.000 Euro Mehrpreis. Der permanente Allradantrieb (Kraftverteilung vorn/hinten: 45 : 55 %) wurde elektronisch geregelt und mit ESP und 4ETS-Bremssystem verlinkt. 2009 erfuhr der CL ein Facelift., 2013 endete seine Fertigung nach 30.000 Stück.

Mercedes-Benz CL65 AMG (2009)

DAIMLER-CHRYSLER/DAIMLER 2000 – 2022

OBERKLASSE
TYP S400 BIS AMG S65 (W222) 2013-2020, TYP S400 BIS AMG S65 COUPÉ (C217) 2014-2020, TYP S400 BIS AMG S65 CABRIO (A217) 2016-2020, TYP MERCEDES-MAYBACH S500 BIS S650 (X222/VV222) 2015-2021

Die zehnte S-Klasse (W222) kam ab Juli 2013, Einstiegspreis rund 80.000 Euro. Bodengruppe, Radstand und Typzulassung vom W221. Abmessungen: 5.116 x 1.899 x 1.496 mm, cW-Wert 0,24. Dazu Langversion V222 mit Radstand 3.165 mm, außen 5.246 x 1.899 x 1.494 mm. Mehr Sicherheit und Komfort (teils neue Fahrerassistenzsysteme), serienmäßig AirMatic-Fahrwerk. Ab dem S500 optional heckgetriebene Modelle mit Aktivfahrwerk Magic Body Control.

Mercedes-Benz S500 4matic Coupé (2014)

16 Modelle von Benzinern/Benzinhybriden angetrieben (S400, 450, 500, 560, 600, 63 und 65 mit/ohne Elektroboost), wobei V6- und R6-Motoren mit Aufladung und/oder E-Motor kamen. S500/560- und S63-Versionen mit V8; S600/S65 mit V12. Dazu sieben Diesel/Dieselhybrid-Ausführungen (S300, 350, 400 mit/ohne Elektroboost): 2,1-L-Vierzylinder sowie V6- und R6-Diesel mit 3,0 L Hubraum. Sieben- und Neunstufen-Automaten. September 2014 Debüt S500e Plugin-Hybrid. 500.000. Ex der 222er Reihe im Ende November 2019. Dabei war China mit aktuell mehr als einem Drittel der ausgelieferten Fahrzeuge größter Markt. Insgesamt bis 2021 ca. 650.000 Limousinen, Coupés, Cabrios und Maybach-Ableger.

Basierend auf dem W222 hatte das S-Klasse Coupé (C217) ab September 2014 den CL (C216) abgelöst, flankiert vom nagelneuen S-Klasse Cabrio (Vorstellung September 2015, Auslieferung April 2016). Radstände verkürzt auf 2.945 mm, außen: 5.027 x 1.899 x 1.411 mm, ab 2.070 kg. Markteinführung mit 4,7-L-V8-Biturbo-Benziner (455 PS) im S500 aus dem Vorgänger, gefolgt von 3,0-L-V6 im 400er (erst ab Oktober 2015), 4,0- und 5,5-L-V8 im 560er und im S63. Nur der S65 hatte einen 6,0-L-V12 (630 PS). Kraftübertragung über Sieben- und Neunstufen-Automaten. Coupé anfangs ausschließlich mit 4matic, ab 2015 auch heckgetriebenes Pendant. Das Cabrio war dank diverser Leichtbau-Versteifungen fast so stabil wie das Coupé. Mit Überrollschutzsystem, das im Notfall pyrotechnisch hinter den Fondpassagieren emporschnellte. Die Produktion von Coupé und Cabrio endete im Sommer 2020 ersatzlos.

Ab Anfang 2015 Submarke Mercedes-Maybach (X222) mit weiter verlängerten S-Klasse (Radstand 3.365 mm, 5.453 x 1.899 x 1.498 mm). Angeboten wurde sie als S500 (mit 4,7-L-V8) bzw. als S600 (mit 6,0-L-V12). Hauptabsatzmärkte: China, Russland, USA. Im Februar 2015 erschien der Mercedes-Maybach S400 (nur China, Russland), Anfang 2016 verlängerter Pullman S650 (VV222). Noch wertigere Materialien, noch exklusivere Ausstattungen und noch größere Beinfreiheit im Fond (+ 40 cm gegenüber Standard-S-Klasse). Mercedes-Maybach S500 4matic nach dem GLE zweites Modell mit Neunstufen-Automatik/Allradantrieb). 2017 und 2018 Überarbeitung (Motoren, Optik), Mitte 2017 Mercedes-Maybach S650 Cabrio (300 Ex.) für 357.000 Euro.

Mercedes-AMG S65 Cabrio (2015)

Mercedes-Benz S350 BlueTec (2013), Radstand 3.055 mm wie beim Vorgänger

Mercedes-Benz S600 (2013), mit mehr Sicherheit und Komfort

Mercedes-Benz S650 Pullman-Limousine mit 4.418 mm Radstand, 6.500 mm Außenlänge und 530 PS-V12 (2018)

Mercedes-Maybach S560 (2018), optional zweifarbig

Mercedes-Benz S Drive Pilot (2021), Forschungsfahrzeug

Mercedes-Benz S680 Guard 4matic

Mercedes-Maybach Edition 100 (2021)

Mercedes-Benz S580e 4matic (2021), erster S-Plugin-Hybrid

OBERKLASSE
TYP S450 BIS 580 (W223) AB 2020
TYP MERCEDES-MAYBACH S480 BIS S680 (Z223) AB 2021

Start der aktuellen S-Klasse (W223) im Dezember 2020: Sachlicher, glattflächiger (cW= 0,22) und größer (Radstand 3.106 mm/kurz u. 3.216 mm/lang; 5.179 x 1.921 x 1.503 bzw. 5.289 x 1.921 x 1.503 mm). Rückleuchten ähnlich der modellgepflegten E-Klasse (W213). Optional bündige Türgriffe und »Digital Light« (Warnung vor Gegenständen und Personen auf der Fahrbahn). Ganz neu ist die Allradlenkung, bei der bis 60 km/h die Hinterräder entgegengesetzt und darüber in die gleiche Richtung wie die Vorderräder einschlagen (Wendekreises bis 2,0 m kleiner). Allradantrieb ist serienmäßig. Noch mehr Fahrerassistenzsysteme: zweite Generation des MBUX-Systems (Monitor bis 12,8 Zoll, Sprachsteuerung, Assistenzkameras, Anwendungen der Künstlicher Intelligenz). Ein aktiver Lenkassistent soll bei der Bildung einer Rettungsgasse unterstützen. Ab dem zweiten Halbjahr 2021 sollte die S-Klasse bis 60 km/h nach Autonomiestufe 3 im Stau auf der Autobahn fahren können (DrivePilot). Noch erprobt wird das »Automated Valet Parking«, bei dem das Auto selbsttätig in eine vorreservierte Parklücke einfährt.

Auch in der S-Klasse sitzen nun kleinere Motoren. Einstiegsmodell S450, der wie der S500 von einem 3,0-L-Turbo-Sechszylinder angetrieben wird. Der darüber positionierte S580 hat einen aufgeladenen 4,0-Liter-V6. Die Reihensechser (M256) bedienen sich dank 48V-Kurbelwellen-Startergenerator der Mild-Hybrid-Technik. Die Motorversion mit 435 PS ist zudem mit elektrischem Zusatzverdichter ausgestattet. Im Mai 2021 folgte im S580 ein V8. Gleich in drei Typen sitzt der 3,0-L-Diesel (S350d, im S350d 4matic und S400d 4matic). Im Juli 2021 S580e als erster Plugin-Hybrid (elektrische Reichweite ca.100 km), danach weitere Hybride S450e und Mercedes-AMG S63e Performance. Letzterer ist die stärkste S-Klasse aller Zeiten (4,0-L-V8-Biturbo mit 612 PS plus E-Synchronmaschine mit 190 PS = 802 PS Systemleistung). Die 2000.000 Euro teure, 2.525 kg schwere 4x4-Limousine läuft nicht abgeregelt 290 km/h (Option).

Alternativ gibt es ab Sommer 2021 mit dem EQS ein eigenständig geformtes, Batterie-elektrisch angetriebenes Oberklasse-Fahrzeug unter der Submarke Mercedes-Benz EQ (vgl. S. 220).

Zudem setzt Mercedes-Maybach seine Produktoffensive fort. Auf Basis der 223er-S-Klasse wurde im November 2020 die Maybach-Version Z223 vorgestellt. Verkaufsstart als S580 und S680 (mit 6,0-L-V12, 612 PS) im Mai 2021. Die »zivilen« Versionen des Mercedes-Maybach haben einen Radstand von 3.396 mm und sind nochmals deutlich ausladener: 5.469 x 1.921 x 1.510 mm. Darüber positioniert ist eine deutlich größere Pullman-Version. Auch die edle Submarke nutzt für den Markteinstieg kleinvolumigere Motoren – Mercedes-Maybach S480 für China (4,0-L-V6 mit 367 PS + 22 PS Extraboost) und S580 mit 4,0-L-V8 mit 503 PS + 20 PS extra): S680 mit 6,0-L-V12 und 612 PS und ab 2023 S580e Plugin-Hybrid.

Mercedes-Maybach S680 4matic (2021)

DAIMLER-CHRYSLER/DAIMLER 2000 – 2022

GRAND SPORTSTOURER TYP R280 BIS R63 AMG (W251/V251) 2005-2017

Nach dem Beispiel amerikanischer Oberklasse-Großraumlimousinen baute Mercedes von 2005 bis 2017 im US-Werk Tuscaloosa/Alabama die R-Klasse – zusammen mit der M- und GL-Klasse. Ihr vorausgegangen war das 2002er Konzeptfahrzeug GST (Grand Sports Tourer). Die technische Basis kam von der M-Klasse. Die R-Klasse wurde in zwei Versionen offeriert (4.922 und 5.157 mm Länge, 235 mm Unterschied beim Radstand von 2.980 bzw. 3.215 mm). In Europa debütierte der R erst ab 2006. Das Großraumfahrzeug hatte sechs (4+2) Sitze. Bei umgeklappter Rücksitzbank stand ein Laderaumvolumen von 2.001 Liter bzw. 2.436 Liter (Langversion) zur Verfügung. Seit April 2007 war auch eine Version mit 5+2-Sitzen erhältlich (sechster und siebter Sitz Sonderausstattung).

Die leistungsstärkeren Modelle der R-Klasse hatten serienmäßig Allradantrieb. Den Antrieb besorgten Sechs- und Achtzylinder-Benziner (R350/272 PS bzw. R500/306 PS) bzw. ein 3,0-L-Diesel (R320 CDI/224 PS), grundsätzlich gekoppelt mit Siebenstufen-Automatik. Das Tankvolumen betrug 80 L. Bereits 2007 erfolgte die erste Modellpflege (»AMG-Sportpaket« serienmäßig, andere Schürzen vorn/hinten, runde Nebelleuchten).

Die Einstiegsmotorisierung bildeten der 3,0-Liter-V6 mit 231 PS im R280 und der 3,0-Liter-Diesel mit 190 PS im R280 CDI. Eine weitere Auffrischung kam der R-Klasse Ende 2010 zugute. Bei den Motoren wurde nur der R350 CDI 4matic überarbeitet (265 PS). Zwischendurch gab's noch ein Sondermodell Grand Edition, kombinierbar mit allen Motoren und Radständen.
Zu haben war sogar eine 2006 erstmals gezeigte R63 AMG 4matic-Ausführung mit 6,2 Liter großem V8 (510 PS). Und der 3,0-L-Diesel erstarkte im R350 CDI 4matic auf beachtliche 265 PS. Alle Versionen der R-Klasse waren nun auch in AMG-Optik bestellbar. Ab 2007 gab es die Modelle R280 CDI, R280/231 PS und R350 auch mit Heck- statt Allradantrieb, im R500 saß nun ein 388-PS-V8. 2009 standen auch in Europa die neuen BlueTec-Diesel zur Verfügung.

2010 erfolgte noch eine Modellüberarbeitung, lieferbar war inzwischen auch die gut ausgestattete Grand Edition. Aber die Kundschaft mochte sich nie so recht mit dem großen, mindestens 2,8 Tonnen schweren Wagen anfreunden. Geordert wurden überwiegend heckgetriebene Modelle, wobei die Ausstattung grundsätzlich sehr üppig ausfiel. Mitte 2012 wurde die R-Klasse schließlich vom US-Markt genommen, Mitte Oktober desselben Jahres auch von fast allen übrigen Märkten. Nur in China lief die R-Klasse als Langversion noch bis 2018 weiter. Ab Sommer 2015 zog die Produktion der für den chinesischen Markt gelieferten R-Klassen zu Auftragsfertiger AM General in Mishawaka, Indiana/USA um. Insgesamt wurden von 2005 bis 2017 etwa 200.000 Fahrzeuge gebaut. Etwa 18.700 Einheiten gingen nach Deutschland.

R500 4matic, kurzer Radstand (2005)

Mercedes-Benz R500 mit kurzem und langem Radstand, ab 2005

Mercedes-Benz R350 nach dem Facelift (2010)

R350 nach dem Facelift (2010)

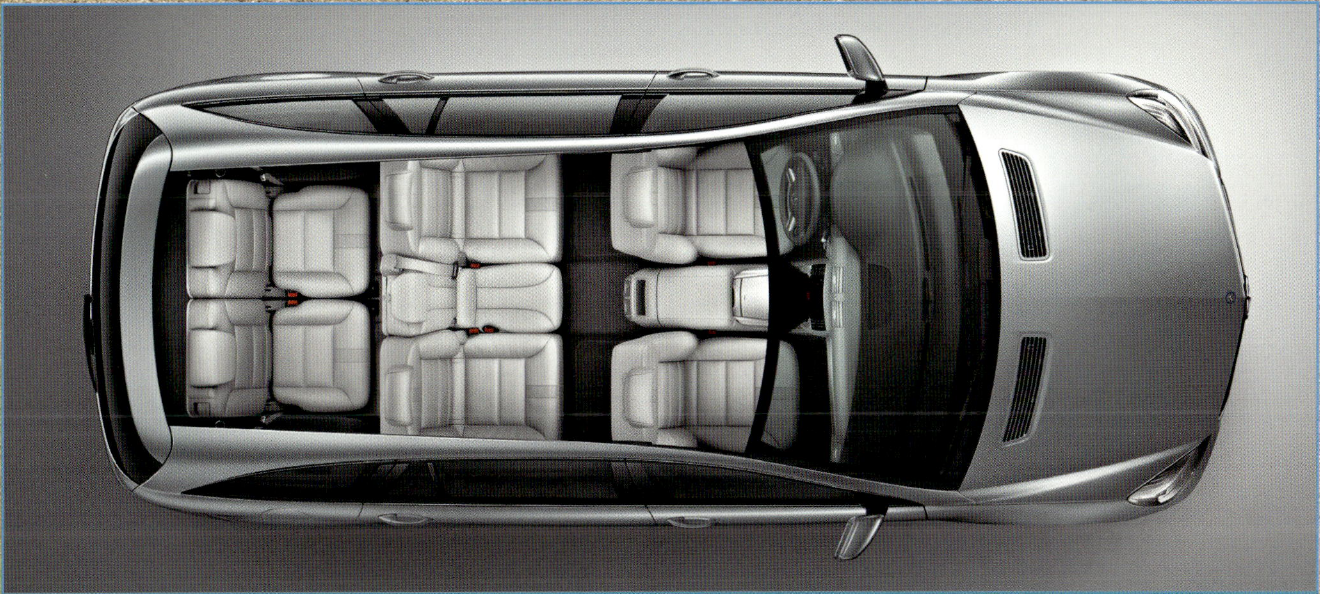

Mercedes-Benz R500 4matic, langer Radstand

Mercedes-Benz R171 vor dem Facelift, cW-Wert 0,32

SLK350 nach dem Facelift, 2008

SLK55 AMG als Sicherheitsfahrzeug mit Festdach bei Formel-1-Läufen, vor dem Facelift, 100 kg leichter als der Serienwagen

Mercedes-Benz R171 vor dem Facelift

SLK200 K nach dem Facelift

SPORTWAGEN

TYP SLK200K BIS SLK55 AMG (R171) 2004-2011

Der im Frühjahr 2004 in Genf präsentierte neue SLK basierte wiederum auf der C-Klasse – diesmal auf der W 203-Generation (Verkaufsstart in Deutschland 27. März 2004). Gebaut wurde er, genau wie sein Vorgänger, im Werk Bremen. Die Maße: außen 4.082 x 1.788 x 1.288 mm, Radstand 2.430 mm.. Er behielt das versenkbare Blech-Klappdach, dessen elektro-hydraulische Mechanik modifiziert worden ist. Dank des neu abgelegten Verdecks konnte der Kofferraum im Cabriomodus etwas vergrößert werden. Der Roadster erhielt eine etwas verspieltere Form mit einer Nase, die an den Formel-1-Rennwagen erinnern sollte. Der Innenraum wurde völlig neu gestaltet, besondere Überraschung war hier die optionale Nackenheizung Airscarf.

Von Anfang an angeboten wurden drei Versionen. der SLK 200 Kompressor (163 PS), der SLK350 (272 PS) und der SLK55 AMG mit 360 PS starkem V8-Saugmotor. Eine Zeitlang war genau ein so hoch motorisierter SLK Pace Car in der Formel 1 dabei. Mitte 2006 schob Mercedes eine Black-Series-Sonderserie des um 45 kg gewichtsreduzierten SLK55 AMG mit festverschraubtem Coupédach und 400 PS nach – Kostenpunkt: 107.300 Euro.

Im Zuge des sehr dezenten Facelifts im Frühjahr 2008 (Frontstoßfänger mit größeren Lufteinlässen, Diffusoroptik am Heck, neue Außenspiegel) bekam der SLK auch einen neuen 3,5-L-Sportmotor. Beim Debüt 2004 war der damalige 3,5-Liter eine Neuschöpfung, nun fand sich hier ein bis 7.200/min hochjubelnder Sechszylinder, der 305 statt bisher 272 PS leistete. Er gab zudem einen betont sportiven Sound frei. Neben dem 350er bot Mercedes nach dem Facelift drei weitere SLK-Versionen: den 200 Kompressor (auf 184 PS erstarkt), den 280 (231 PS) und den SLK 55 AMG (360 PS).

Die Preise begannen bei 36.503,25 Euro (Stand: Dezember 2007). In manchen Märkten (z.B. USA) wurde der SLK280 seit der Modellpflege als SLK300 ausgeliefert. Ab März 2009 wurde letzterer auch in Deutschland als SLK300 vertrieben. Einen Dieselmotor für den SLK gab es nur für ein Unikat von 2005 namens SLK320 Triturbo (286 PS). Bis auf die AMG-Variante sind bei allen anderen SLK Sechsgang-Schaltgetriebe serienmäßig. Automatische Getriebe mit Schalttasten am Lenkrad waren auf Wunsch erhältlich. Diese verfügten beim Vierzylinder über fünf und bei den Sechszylindern über sieben Stufen (serienmäßig beim V8-Motor).

Am 26. März 2011 wurde der R171 durch die dritte Generation abgelöst. Bis Ende 2009 wurden über 220.000 Fahrzeuge an Kunden ausgeliefert.

DAIMLER-CHRYSLER/DAIMLER 2000 – 2022

SPORTWAGEN
TYP SLK250 BIS SLK55 AMG (R172) 2011-2016
TYP SLC180 BIS AMG SLC43 (R172) 2016-2020

Auch die dritte und letzte Generation des SLK (ab 2016 als SLC) entstand in Bremen (europäische Händlerpremiere März 2011). Das Außendesign blieb der bisherigen Roadster-Linie treu (Radstand 2.430 mm, außen 4.134 x 1.797 x 1.301 mm). Neuer Grill mit Mittelstrebe, Stern und zentralem Lufteinlass.

Scheinwerfer und LED-Blinker waren neu positioniert, dazu kamen LED-Tagfahrlichtbänder und in die Breite gezogene LED-Leuchten. Exterieur und Interieur ähnlich dem SLS AMG. Auffällige Alu-Lüftungsdüse (am Zentraldisplay), auch Bedienknöpfe aus Aluminium. Das Kofferraumvolumen der dritten SLK-Generation variierte zwischen 225 L und 335 Liter. Zuladung für alle Zweisitzer 315 kg, Tankinhalt 60 L (optional 70 L).
Zur Markteinführung drei Direkteinspritzer-Benziner: zwei aufgeladene 1,8-Liter im SLK200 (184 PS) und im SLK250 (204 PS), ein 3,5-Liter im Topmodell SLK350 (306 PS). Nur Einstiegsvariante SLK 200 serienmäßig mit Sechsgang-Schaltgetriebe (SLK250 ab 2012 ebenfalls Sechsgang-Schalter). Die zwei stärkeren Modelle sofort mit Siebenstufen-Automatik (optional auch für SLK200). Das Eco-Startstopp-System gab's für alle. Zudem kam eine AMG-Version mit 5,5-L-V8 (422 PS) sowie ein 2,1-L-Diesel-Biturbo mit 204 PS im SLK250 CDI (2012 bis 2017).

Neben diesen Modellen wurde ab 2017 auch ein SLC260 (211 PS) produziert, welcher in einigen Märkten außerhalb Europas angeboten, positioniert zwischen dem neuen SLC200 und dem SLC300. Erkennbar war die ab April 2016 ausgelieferte Modellpflege-Version am schwarzen Diamantgrill mit silberner Lamelle und an geänderten Scheinwerfern. Neues Einstiegsmodell war der SLC180, neues Topmodell der SLC43 mit 3,0-L-V6 (367 PS), der den SLK55 AMG ersetzt hatte.

Der SLK bzw. SLC hatte serienmäßig ASR, ABS, BAS, ESP, crashaktive Neck-Pro-Kopfstützen und sechs Airbags (zweistufige Fahrer-/Beifahrer-Airbags, zwei Sidebags in den Sitzen und zwei Headbags in den Türe. Dazu offeriert wurde die sich bei einem Aufprall um 85 mm anhebende aktive Motorhaube, Müdigkeitserkennung (Attention Assist), eine Berganfahrhilfe, eine elektrische Feststellbremse, das Audiosystem Audio 20 CD mit USB-Schnittstelle, wärmedämmendes Glas, ein unten abgeflachtes, beledertes Multifunktions-Sportlenkrad im Dreispeichen-Design (zweifach einstellbar) und eine Einzonen-Klimaanlage. Außerdem gab es ab 2006 serienmäßig das Adaptive-Brake-Bremssystem, Fahrlicht-Assistent, Halogenscheinwerfer (H7), LED-Heckleuchten, Tagfahrlicht und einen Tempomat mit variabler Geschwindigkeitsbegrenzung (Speedtronic) mit Bremseingriff.

Im Februar 2019 kündigte Mercedes-Benz eine »Final Edition« und das bevorstehende Produktionsende des SLC für März/April 2020 an, welches sich aber aufgrund von Werksschließungen durch die Covid-19-Pandemie auf Juni 2020 verschob. Insgesamt entstanden binnen zehn Jahren ca. 170.000 Einheiten.

SLK55 AMG (2011), V8 mit Zylinderabschaltung

Mercedes-Benz SLK R172 (2011), markanteres Styling als beim R171

SLC300 (2015), Überrollbügel optional mit Alu-Einlegern

Mercedes-Benz SLC300 Final Edition (2019)

SLK mit geschlossenem Verdeck (2011), Luftwiderstandsbeiwert cW jetzt 0,30

Mercedes-Benz SL55 AMG (2001)

Mercedes-Benz SL63, 65 und 63 Performance Paket, dritte Modellpflege mit völlig neuer Frontpartie (2008-2011)

Mercedes-Benz SL55 und SL65 AMG, zweite Modellpflege der Baureihe R230 (2006-2008)

Mercedes-Benz SL500 (2001-2006)

SPORTWAGEN

TYP SL280 BIS SL65 AMG (R230) 2001-2011

Der R230 als Nachfolger des R129 war ein rundum neues Auto, das erneut in Bremen gebaut wurde (Markteinführung in Deutschland Oktober 2001). Die Abmesssungen: Radstand 2.560 mm, außen 4.535 x 1.927 x 1.295 mm). Der neue SL hatte – wie bereits der SLK – ein klappbares Hartdach (Variodach) aus Aluminium, das bei Bedarf samt gläserner Heckscheibe elektrohydraulisch betätigt im Kofferraum verschwand (optional mit Glaseinsatz).

Als Besonderheit verfügte der R 230 serienmäßig (SL350 optional) über die aktive Federung (Active Body Control). Beim ABC-Fahrwerk, das auf einer Stahlfederung basierte, wurden Wank- und Nickbewegungen der Karosserie beim Anfahren, bei Kurvenfahrt und beim Bremsen nahezu komplett kompensiert. Das ABC-Fahrwerk war in der S-Klasse (W220) optional zur Airmatic eingeführt worden und beim C215 bereits Serie.

Angeboten wurden V8- und V12-Motoren, erst 2003 waren V6-Triebwerke hinzugekommen. Das stärkste Modell, der SL65 AMG erschien im April 2004 – es handelte sich um den damals stärksten Roadster der Welt (612 PS-V12-Biturbo, 1.000 Nm), Die Höchstgeschwindigkeit des 221.519 Euro teuren Zweisitzers wurde auf 250 km/h limitiert, wobei unabgeregelt 338 km/h machbar waren.

Eine erste Modellpflege erfolgte zum Jahreswechsel 2005/06. Neu waren die Frontschürze mit Chromringen um die Nebelscheinwerfer, ein geänderter Kühlergrill mit drei statt vier Lamellen, andere Heckleuchten in Klarglasoptik mit einem weißen Streifen (bei AMG-Modellen abgedunkelt). Alle Motoren (außer 6.0 L V12) wurden um durchschnittlich 10 % stärker. Neu war die Siebenstufen-Automatik mit kürzeren Schaltzeiten und (optional) Schaltpaddles anstelle von Schaltwippen. Das Fahrwerk war optnmiert worden (Vorderachse und Lenkung, dazu gab's optional verbesserte Bremsen.

Anfang 2008, im siebenten Jahr seiner Laufzeit, wurde der der Luxus-Roadster nochmals modifiziert. Mit völlig neue Frontoptik und serienmäßigen Bi-Xenon-Scheinwerfern im Stil des CLS wurde der Abschied vom Vieraugen-Gesicht weitergeführt. Hinten kamen neue Rückleuchten, einen Diffusoreinsatz in der Heckschürze sowie neu gestaltete Endrohre.

Neuerungen bei den Motoren: 3,5-L-V6 im SL350 statt zuvor 3,7-Liter sowie SL280 mit 3,0-L-V6 (231 PS) als neues Basismodell. Mit dem großen Facelift modifizierte man auch Exterieur und Interieur des SL 65 AMG – und ihm zur Seite standen nun der SL 63 AMG mit 525 PS-V8 (als Ersatz des SL55 AMG mit V8-Kompressor) und der SL65 AMG Black Series mit 670 PS-V12. Alle anderen Triebwerke blieben unverändert.

Modifizierte Ausstattungen brachten mehr Dynamik, Sicherheit und Komfort. Dazu gehörten ein neues Dreispeichen-Lenkrad, ein modifiziertes Kombiinstrument, ein neues Telematiksystem und die vom SLK bekannte Nackenheizung Air-Scarf.

Am 30. November lief der letzte R230 (ein SL 350) vom Band. Insgesamt waren 169.434 Einheiten entstanden. Mit etwas mehr als zehn Jahren Produktionszeit war der Roadster eines der am längsten produzierten Fahrzeuge seiner Zeit.

Mercedes-Benz SL500, dritte Modellpflege (2008)

DAIMLER-CHRYSLER/DAIMLER 2000 – 2022

SPORTWAGEN

TYP SL350 BIS SL65 AMG (R231) 2012-2020
TYP AMG SL43 BIS AMG SL63 (R232) AB 2021

Auch die sechste SL-Generation (R231) kam aus Bremen (Verkaufsstart März 2012, Grundpreis 93.534 Euro für den SL350). Größer, aber ähnlich dem Vorgänger (Radstand 2.585 mm, außen 4.612 x 18.77 x 1.308 mm, cW 0,27). Leicht ansteigende Seitenlinie, größere seitliche Lufteinlässe, neue Kühlermaske, Rückspiegel auf Türflanken wie beim CLS (C119).

Mercedes-Benz SL350 Edition 1 (2012)

Neue Kombi-Instrumente (Zentral-Display des Navisystems ähnlich SLS AMG), kleinerer Wählhebel. Üppige Ausstattung, u.a. ASR, ABS, BAS, ESP, Siebenstufen-Automatik, Startstopp, Zweizonen-Klimaautomatik, Bi-Xenon-Frontscheinwerfer, LED-Heckleuchten, Tagfahrlicht und Tempomat mit variabler Geschwindigkeitsbegrenzung (Speedtronic mit Bremseingriff), adaptives Dämpfungssystem, Direktlenkung mit Sicherheitslenksäule, Adaptives-Brake-Bremssystem, Insassenschutzsystem Pre-Safe und Torque Vectoring Brake (einseitige Bremseingriffe). Zum Marktstart Ende März 2012 mehrere direkteinspritzende Benziner, u.a. ein 3,5 L- V6 (SL350) mit 306 PS und ein 4,7-L-V8-Biturbo-Motor mit 435 PS (SL500). Im Mai zusätzlich SL63 AMG, (mit 5,5-L-V8 mit Direkteinspritzung und Biturbo, 537 PS). Zudem im September SL65 AMG (6,0-L-V12 Biturbo mit 630 PS). Ab Juni 2014 ersetzte der 3,0-L-V6 Biturbo mit Direkteinspritzung im SL 400 den bisherigen Einstiegsmotor im SL350. Gleichzeitig wurde der SL63 AMG auf 585 PS gesteigert. Dieselmotoren gab es nicht. Mitte 2020 endete die Produktion des Hardtop-Roadsters (60.000 Ex).

Mercedes-Benz SL (2012-2016)

Der neue R232 – siebter SL seit 1954 – war komplett von Mercedes-Tochter AMG entwickelt worden. Präsentation Oktober 2021, Verkauf ab März 2022. Kein einziges Bauteil des Vorgängers ist weiterverwendet worden. Der SL basierte auf der Plattform des AMG GT, selbst dessen breiter Grill (großer Stern, scharf geschnittene Scheinwerfer) wurde angepasst. Anders als seine beiden Vorgänger hat der Neue wieder ein Stoffdach. Interieur mit großen, einfahrbaren Displays. Knappe Sitzfläche hinter Fahrer/Beifahrer (SL damit 2+2Sitzer mit Kofferraum 240 L). Die Grundkarosse ist um rund 270 kg leichter als beim Vorgänger, aber dank Alu-Verbundwerkstoffen um 18 % steifer. Abmessungen: Radstand 2.700 mm, außen 4.700 x 1.915 x 1.353 mm, cW 0,31. Grundsätzlich aktive Hinterachslenkung. Und erstmals verfügt ein SL über bewegliche Anbauteile (»Flics«), außerdem ausfahrbarer Heckspoiler.

Mercedes-Benz SL63 AMG, Pacecar für die Formel 1 (2012)

Für den Antrieb sorgen Vier- und Achtzylinder (keine Sechs- und Zwölfzylinder mehr). Zu Beginn kam nur ein 4,0-L-V8-Ottomotor mit Neunstufen-Automatik (SL55 4matic+/476 PS und SL63 4matic+/585 PS) und – erstmals im SL – Allradantrieb. Höchstgeschwindigkeit des Spitzenmodells (187.098 Euro) nicht mehr bei 250 km/h abgeregelt, sondern bis 315 km/h ausfahrbar. Die Basismotorisierung ist ein 2,0-L-Turbo-Vierzylinder (ähnlich A45), der in dem ab Mai 2022 angebotenen SL43 dank Elektro-Boost (48-V-Mildhybrid) auf 381 PS kam (Spitze 275 km/h). 2023 soll eine Hybridversion folgen (vermutlich aus GT63 S E Performance).

Mercedes-Benz SL500, (2012)

Mercedes-Benz SL65 AMG, nach Modellüberarbeitung (2015)

SL43 der neuen Baureihe R232 (2022). »Flics« verändern geschwindigkeitsabhängig den Abtrieb

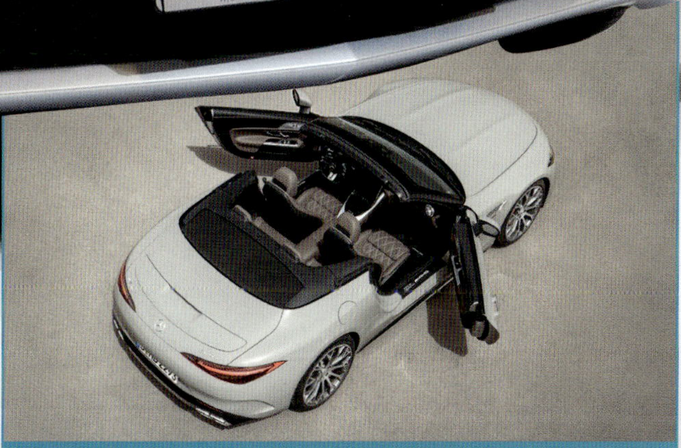
AMG-Mercedes SL55 (R232). Serienmäßig waren Schraubenfedern und verstellbare Dämpfer (SL63 dagegen mit Aktivfahrwerk)

McLaren SLR Roadster, erst ab 2007 in Serie

McLaren SLR 722 Roadster (2006)

McLaren SLR Coupé mit den auffälligen Scherentüren (ab 2003)

DAIMLER-CHRYSLER/DAIMLER 2000 – 2022

McLaren SLR Stirling Moss (Z199), 2009

SPORTWAGEN

MCLAREN SLR COUPÉ (C199) 2003-2007 UND MCLAREN ROADSTER (R199) 2007-2009

Eine erste Studie des SLR war bereits im Januar 1999 in Detroit zu sehen. Die Weltpremiere des Coupés (C199) erfolgte allerdings erst viel später – auf der IAA 2003. Gebaut wurde es beim Mercedes-Formel-1-Partner McLaren in England (Rohbau in Portsmouth und Montage in Woking). Das Design steckte voller Reminiszenzen an die Urahnen der 50er-Jahre und an die Formel 1. Chassis und Karosserie des Boliden mit seinen auffälligen Scherentüren bestanden aus Kohlefaser. Daran angeflanscht war der Motorträger aus Aluminium. Das Radstand betrug 2.700 mm, die Außenmaße: 4656 x 1.908 x 1.261 mm, das Leergewicht des Zweisitzers lag bei mindestens 1.693 kg.

Der nach der Vorderachse als Frontmittel-Motor platzierte 5,5-Liter-Dreiventil-V8, der die Hinterachse antrieb, stammte von Mercedes-AMG. Er leistete dank Aufladung via Schraubenkompressor (zwischen den Zylinderbänken) und wassergekühlten Ladeluftkühlern 626 PS. Das maximale Drehmoment betrug 780 Nm, eine Fünfstufen-Automatik übertrug die Kraft zur Hinterachse. Der mit allen Komfortfeatures ausgestattete, 435.000 Euro teure Zweisitzer schaffte den Spurt von null auf hundert in 3,8 Sekunden, die gleiche Übung bis 200 km/h dauerte 10.6 und bis 300 km/h genau 28,8 Sekunden. Die Höchstgeschwindigkeit betrug 334 km/h.

Ebenfalls schon 1999 war ein Roadster-Showcar gezeigt worden, das 2007 endlich als R199 in Serie ging. Die offene Version kostete stolze 493.850 Euro. Auch hier entließen markige Sidepipes einen bärischen Sound, drinnen aber ging es höchst komfortabel zu. Vieles erinnerte an den weit preisgünstigeren SL. Verzögert wird das trotz hohen Karbonanteils relativ schwere Fahrzeug über Brembo-Keramikbremsen und eine sich automatisch aufstellende Luftbremse am Heck.

Ursprünglich war die SLR-Stückzahl auf 3.500 Exemplare limitiert worden, tatsächlich sind wohl nur 2.157 Einheiten ausgeliefert worden. Ende 2007 war die Fertigung des Coupés nach 1.400 Einheiten ausgelaufen, darunter je 150 Exemplare der »722«-Sonderserie mit 650 PS als 337 km/h schnelles Coupé und als Roadster 722 S (2006 bis 2007). 300 Bauteile waren teilweise stark überarbeitet worden, das Fahrzeuggewicht sank um 44 kg, und der Preis stieg um nochmals 20.000 Euro. Zusätzlich gab es 21 Exemplare der SLR722 GT-Rennversion mit 680 PS (400 Bauteile verändert) sowie im Jahr 2009 den völlig offenen SLR Stirling Moss (Z199) mit 75 Stück (Abdeckung für Beifahrerplatz serienmäßig). Diese Sonderversionen erfreuen sich großer Nachfrage.

DAIMLER-CHRYSLER/DAIMLER 2000 – 2022

SPORTWAGEN

TYP SLS AMG COUPÉ (C197) 2009-2014 UND SLS AMG ROADSTER (R197) 2011-2014

Das SLS-Sportcoupé (Präsentation September 2009, Verkaufsstart März 2010) war von AMG eigenständig entwickelt worden (»SLS« für »Super Leicht Sport«). Entwicklungspartner für die Karosserie (Alu-Spaceframe-Basis, Alu-Beplankung) war Magna Steyr. Die Flügeltüren waren eine Reminiszenz an den legendären 300 SL von Mitte der 50er. Auf der IAA im Herbst 2011 zeigte man die Roadster-Variante mit Stoffverdeck (Verkaufsstart November 2011). Ab 186.830 Euro kostete das Coupé, für den Roadster waren ab 195.160 Euro zu zahlen. Montiert wurde der SLS im Mercedes-Benz-Werk Sindelfingen. Als Front-Mittelmotor eingesetzt wurde ausschließlich ein 6,2-L-V8 mit 571 PS. Angetrieben wurde nur die Hinterachse (mit Transaxle-Doppelkupplungsgetriebe).

Der Radstand des Zweisitzers betrug 2.680 mm, Außenmaße: 4.638 x 1.939 x 1.262 mm, Leergewicht 1.620 kg (Coupé) bzw. 1.660 kg (Roadster). Das Tankvolumen lag bei 85 Liter, der Gepäckraum maß 176 L (Coupé) bzw. 173 L (Roadster). Der Heckspoiler fuhr ab 120 km/h automatisch aus. Als Höchstgeschwindigkeit wurden 320 km/h genannt.

Alternativ zu SLS Coupé und Roadster wurde von Oktober 2012 bis Juni 2014 der SLS GT angeboten – mit 591 PS starkem 6,2-L-V8, Speedshift-Automatik und verbessertem Fahrwerk. Der GT kostete etwa 20.000 Euro Aufpreis. Krönung der Baureihe war natürlich der SLS Black Series (Juni bis Dezember 2013) mit 631 PS starkem 6,2-Liter. Erkennbar war dieses auf 1.550 kg abgespecktes Coupé an breiter ausgestellten Kotflügeln und breitere Rädern, Karbonapplikationen, stufenlos verstellbarem Heckspoiler und weitere Exterieurveränderungen.

Eine Sonderversion des SLS war schließlich der für den Motorsport entwickelte GT3: Der nur 1.340 kg leichte Rennwagen wurde bis 2016 gebaut. Davon gab es sogar eine auf fünf Exemplare limitierte Sonderversion »SLS AMG GT3 45th Anniversary«. In der Formel 1 war das Coupé eine Zeitlang als Safety Car eingesetzt worden.

Für Aufsehen sorgte das zunächst SLS AMG E-Cell genannte Showcar, das die Ära der Elektro-Supersportwagen ankündigte – und als SLS AMG Coupé Electric Drive 2013 in Kleinserie ging. Vier radnah montierte Synchron-Elektromotoren brachten zusammen 392 kW (533 PS) und 880 Nm / Serie: 552 kW (750 PS) und 1.000 Nm. Jede Achse bekam ein eigenes Getriebe. Die nunmehr angetriebene Vorderachse musste einer Doppelquerlenker-Konstruktion mit Pushrods weichen. Bei 250 km/h wurde abgeregelt. Die Reichweite betrug 250 km (60-kWh-Hochvoltbatterie, 548 kg). Neun Fahrzeuge zum Stückpreis von 416.500 Euro wurden gebaut und verkauft.

Bis Ende 2011 wurden weltweit über 5.000 SLS abgesetzt. Zum Produktionsende waren es 5.000 Coupés und 2.000 Roadster. Nachdem im November 2013 der GT Final Edition (350 Stück) vorgestellt wurde, lief die Produktion des SLS AMG im Juni 2014 aus.

SLS AMG GT3 (2010), als Kundenversion 66-mal verkauft

Showcar SLS AMG E-Cell (2012), realisiert als SLS Electric Drive

Mercedes-Benz SLS AMG Roadster (2011)

SLS AMG Coupé und Roadster, »SLS« stand für »Super Leicht Sport«. Das Coupé hatte Flügel- und keine Scherentüren

SLS AMG Coupé Electric Drive (2016) mit vier Elektromotoren

Mercedes-Benz SLS AMG Final Edition (2014)

Mercedes-AMG GT Roadster (2017)

Mercedes-AMG GT Coupé (2017)

Mercedes-AMG GT Roadster (2016)

Mercedes-AMG GT S Safety Car (2015)

Mercedes-AMG GT63 Se-Performance (Viertürer)

Mercedes-AMG GT63 4matic (Viertürer)

SPORTWAGEN

TYP AMG GT COUPÉ (C190) 2014-2021
AMG GT ROADSTER (R190) 2016-2021
TYP AMG GT43 BIS GT63S VIERTÜRER (X290) AB 2018

Der Mercedes-AMG GT gilt als Gran-Turismo und löste den SLS AMG ab. Erstvorstellung Coupé (C290) im Herbst 2014, Markteinführung im Frühjahr 2015 in zwei Leistungsstufen. Im September 2016 Präsentation des Roadsters (R190), beide GT-Versionen ausschließlich mit Heckantrieb. Viertürige Coupé-Variante (X290) auf dem Genfer Auto-Salon 2018, Vertrieb ab September 2018.
Der GT ist das zweite von AMG eigenständig entwickelte Auto. Rohkarosse von ThyssenKrupp System Engineering in Weinsberg gefertigt, Fahrzeugmontage im Mercedes-Benz-Werk Sindelfingen. Der Radstand des im Vergleich zum SLS etwas kompakteren Zweisitzers betrug 2.630 mm, Außenmaße: 4.544 x 1.939 x 1.287 mm, Leergewicht 1.645 (Coupé) bzw. 1.670 kg (Roadster). Tankvolumen 65 Liter, Gepäckraum 350 bzw. 165 L.

Den Antrieb besorgte ein 4,0-L-V8-Biturbo-Frontmittelmotor mit 462 PS (M178), im GT S waren es 510 PS. Ein 2016 gezeigtes GT R Coupé erreichte 585 PS. Der Roadster erhielt ebenfalls die Motoren mit 462 bzw. 510 PS. Zudem kam für Coupé und Roadster eine GT C-Version mit 557 PS. Das Siebengang-Doppelkupplungsgetriebe stammte von Getrag und saß in Transaxle-Bauweise hinten.
Seit Anfang 2017 erhielt die gesamte GT-Familie nach dem Vorbild des GT C den sogenannten Panamericana-Grill (wie 1952 beim W194). GT C und GT R erhielten serienmäßig Allradlenkung. Nach Erscheinen des Black-Series-Sondermodells 2020/2021 (4,0-L-V8 mit 730 PS, 325 km/h) lief die Coupé- und Roadster-Produktion Ende 2021 aus. In der Formel 1 wurden zwischen 2015 und 2021 zweitürige Versionen des GT S und GT R als Safety Car eingesetzt. Seit 2022 kommt dort das Sondermodell Black-Series (Serienversion 730 PS) zum Einsatz.

Aktuelle, viertürige GT-Version (X290) als Studie auf dem Genfer Auto-Salon im März 2017; die Serienversion präsentierte man ein Jahr später an gleicher Stelle. Der X290 teilt sich die Basis mit den Baureihen W213 (E-Klasse) und C257 (CLS). Der Viertürer war rundum gewwachsen: Radstand 2.951 mm, Außenmaße 5.054 x 1.953 x 1.455 mm, Leergewicht 1.980 bis 2.380 kg.

Zwei Varianten wurden vorgestellt: Hybridmodell GT53 4MATIC+ mit 3,0-L-Sechszylinder-Reihenmotor und GT63 4matic+ bzw. GT63 S 4matic+ mit 639 PS, beide mit 4,0-L-V8-Biturbomotor und mit Zylinderabschaltung. Als Sondermodell »Edition 1« gab es 2018/2019 den GT63 S. Im Juni 2021 optimierte Mercedes-AMG die Sechszylinder-Versionen, dann auch die Achtzylinder: Ab Februar 2022 wurde der Plugin-Hybrid GT63 S E Performance ausgeliefert. Hier wurde der V8 aus dem GT63 S mit einem 150 kW (204 PS) starken Elektromotor kombiniert (Systemleistung 620 kW / 843 PS). Ein Lithium-Ionen-Akku mit einem Energieinhalt von 6,1 kWh ermöglicht eine elektrische Reichweite von 12 km.

DAIMLER-CHRYSLER/DAIMLER 2000 – 2022

SUV
TYP GLK200 BIS GLK350 (X204) 2008-2015

Mit dem GLK (X204) auf Basis der C-Klasse (W204) stieg Mercedes-Benz ins Segment der mittleren SUVs ein, produziert wurde er ebenfalls in Bremen. Erstmals gezeigt wurde er im Januar und im April 2008. Seit Oktober 2008 war er in Europa zu haben (Einstiegspreis 40.341 Euro), nach Nordamerika ging er ab Januar 2009. Ab Dezember 2011 wurde der GLK (»Geländewagen Luxus Kompaktklasse«) auch in Peking gebaut. Abmessungen: Radstand 2.755 mm, außen 4.528 x 1.840 x 1.669 mm.

Motoren und Allradantrieb stammten aus der damaligen 4x4-C-Klasse. Dabei wurden Vierzylinder und V6 als Benziner (2,0-L-R4 und V6 mit 3,0 und 3,5 L) und Diesel (2,1-L-R4 und 3,0-L-V6) eingesetzt, eine AMG-Version gab es nie. Seit Sommer 2009 war auch ein nur Hinterrad-getriebenes Modell erhältlich – wobei der GLK220 CDI BlueEfficiency das einzige Modell war, bei dem zwischen Heck- oder Allradantrieb gewählt werden konnte. Ab Mitte Dezember 2009 gab es den GLK250 CDI BE (hier bereits mit optionaler Siebenstufen-Automatik). Im September 2010 wurde das Programm mit dem GLK200 CDI BE (143 PS) nach unten hin abgerundet. Ab April 2011 wurde der GLK350 4matic durch den neuen GLK350 4matic BE (306 PS) abgelöst. Zeitgleich entfiel der GLK300 4matic aus dem Motorenprogramm, und flächendeckend erfolgte nun die Ausstattung mit Siebenstufen-Automatik mit Startstopp-Automatik (außer GLK350 CDI 4matic). Ab Juni 2013 war im GLK200 und 250 erstmals ein Vierzylinder-2,0-L-Turbobenziner erhältlich. Zeitgleich entfiel bei allen die Zusatzbezeichnung »BlueEfficiency«.

Der GLK bekam serienmäßig ASR, ABS, BAS, ESP, Sechsgang-Schaltgetriebe bzw. Siebenstufen-Automatik, 4ETS (elektronisches Traktionssystem), crashaktive Kopfstützen, einen Fahrer-Kniebag, Zweizonen-Klimatisierung, dazu das Agility Control-Fahrwerk mit selektivem Dämpfersystem und die Agility Control-Lenkung mit Sicherheitslenksäule (höhen- und längsverstellbar). 17-Zoll-LM-Räder, Klarglas-Hologenleuchten, Navi-Radio, 5-Zoll-Farbdisplay, Bluetooth-Schnittstelle, Telefontastatur, Fahrlichtassistent und crashaktive Notbeleuchtung rundeten die Ausstattung ab. Ab Dezember 2009 produzierte Fahrzeuge erhielten serienmäßig LED-Tagfahrlicht. Die Sechszylinder-Modelle hatten zudem eine geschwindigkeitsabhängige »Parameterlenkung«.
Zur Einführung musste ein Paket für das Außendesign (Offroad-Styling-Paket oder Sport-Paket Exterieur) mitbestellt werden, erst mit der Auslieferung des GLK 220 CDI BE stand das preisgünstigere Basismodell zur Verfügung. Als Zusatzausstattung gab es das Pre Safe-Sicherheitssystem, eine elektronisch gesteuerte Bergabfahrhilfe, ein abgesenktes Fahrwerk, das ILS (Intelligent Light System, ab Ende 2009 mit LED Tagfahrlicht), das Schließsystem Keyless Go sowie 19- und 20-Zoll-Breitreifen.
Im Sommer 2012 wurde die Baureihe X204 nach vier Jahren Produktionszeit einer Modellpflege unterzogen. Im Juni 2015 wurde die Produktion des GLK beendet. Insgesamt sind 540.089 Fahrzeuge ausgeliefert worden.

Mercedes-Benz GLK220 CDI 4matic (2008)

Mercedes-Benz GLK mit Allradantrieb auf Basis der C-Klasse und ebenfalls im Werk Bremen produziert

GLK320 CDI Offroad Style Technik Paket (2008)

GLK300 4matic (2009), als 220CDI auch als Hecktriebler

Mercedes-Benz GLK350 4matic (2008), ab 2009 auch in die USA geliefert

Mercedes-Benz GLC250 d (braun) und GLC350e, Baureihe X253

Mercedes-AMG GLC63 Steilheck und GLC63 Coupé, Baureihe X253/C253 (2017)

Mercedes-Benz GLC SUV und Plugin-Hybrid in Weiß, Baureihe X254

GLC300e 4motion Plugin-Hybrid, Baureihe X254 (2022)

DAIMLER-CHRYSLER/DAIMLER 2000 – 2022

Mercedes-AMG GLC Coupé, Baureihe C253
(Premiere New York 2016)

Mercedes-Benz GLC220d , Baureihe X254 (2022)

SUV

TYP GLC200 BIS AMG GLC63 S SUV (X253) 2015-2022
UND GLC200 BIS AMG GLC63 S COUPÉ (C253) 2016-2022
TYP GLC200 BIS GLC300D SUV (X254) AB 2022
UND GLC COUPÉ (C254) AB 2022

Etwas vergrößerter GLC (X253) auf C-Klasse-Plattform (W205) Nachfolger des GLK. Radstand 2.873 mm, außen 4.655 x 1.890 x 1.620 mm. Produktion in Bremen und Peking, seit Anfang 2017 auch bei Valmet und ab Ende 2018 in Indien. Alle Modelle sind allradgetrieben (Ausnahme GLC300 für USA).
Marktstart im September 2015 mit 2,1-Liter-Diesel (ab 170 PS im GLC220d) und 2,0-Liter-Benziner (211 PS im GLC250, ab 44.506 Euro). Alle Vier-, V6- und V8-Benziner sowie Diesel mit Reihen-Vier- und Sechszylinder sowie V6 sind Turbo-aufgeladen und direkteinspritzend. Ab April 2016 GLC43 4matic (367 PS, ab 2019 mit 390 PS), Plugin-Hybrid GLC350e 4matic (320 PS) sowie GLC300 4matic und GLC350d 4matic, 2017 gefolgt vom GLC63 4matic (476 PS). Mit Modellpflege Mitte 2019 neuer GLC300e 4matic (43 km Reichweite), dazu GLC300de 4matic ab 2020. Zudem von 2017 bis 2020 Brennstoffzellen-Modell GLC F-Cell (N253).

Serienversion des GLC-Coupés (C253) ab September 2016. Es war länger (4.727 mm) und niedriger (1.578 mm) als die Steilheck-Version. Motorisierung im Wesentlichen wie bei X253 (2,0- bis 4,0-L-Benziner und 2,0- bis 3,0-L-Diesel). Im ersten Halbjahr 2022 endete die Produktion der 253er-Baureihe nach knapp 1,5 Mio Einheiten.

GLC-Nachfolgemodell (X254) ab Anfang Juni 2022, gebaut in Sindelfingen, Bremen und Peking. Der als Steilheckversion eingeführte Neue ist 6 cm länger als der Vorgänger (Abmessungen: Radstand 2.888 mm, 4.716 x 1.890 x 1.640 mm), sein Kofferraumvolumen erhöhte sich um 50 auf 600 Liter, und der cW-Wert sank von 0,31 auf 0,29. Das Exterieur ist mit Unterfahrschutz, Dachreling, optionalem Trittbrett und seitlichen Formkanten aufgewertet worden, auch das Interieur wurde optimiert. Auf Basis der neuen Luxus-Strategie kamen eine Reihe von Aufwertungen: So ist beispielsweise die Line Avantgarde Serie, ebenso beliebte Ausstattungen wie die großen Displays, eine Smartphone-Integration, Wireless Charging sowie beheizte Sitze für Fahrer und Beifahrer.

Wie bei der C-Klasse (W206) werden nur noch aufgeladene, direkteinspritzende Vierzylinder-Motoren (Benziner und Diesel) angeboten. Alle sind elektrifiziert (48-Volt-Technik) – entweder als Mild-Hybrid oder als Plugin-Hybrid. Alle Varianten verfügen über Allradantrieb und Neunstufen-Automatik. Die Plugin-Hybride haben eine elektrische Reichweite von mehr als 100 km (WLTP). Gegenüber dem Vorgänger bietet der X254 verbesserte On- und Offroad-Eigenschaften (neue Vierlenkerachse vorn, Raumlenker-Hinterachse). Auf Wunsch Technik-Paket lieferbar mit Luftfederfahrwerk und Hinterachslenkung. Im ersten Halbjahr 2023 wird das neue viertürige GLC Coupé (C254) erwartet.

DAIMLER-CHRYSLER/DAIMLER 2000 – 2022

SUV
TYP ML350 BIS ML63 AMG (W164) 2005-2011

Die neue M-Klasse (W164), Nachfolger des erfolgreichen W163-Trendsetters, wurde Anfang 2005 in Detroit präsentiert (Markteinführung Europa Sommer 2005). Gebaut wird sie in Tuscaloosa zusammen mit der R-Klasse (Baureihe 251) und den großen GL, die eine gleiche Basis nutzen. Wichtigste Neuerung des W164 war der Ersatz des klassischen Leiterrahmens (W163 durch eine selbsttragende Karosserie mit besserer Verwindungssteifigkeit, auch auf die Geländereduktion wurde verzichtet. Gegen Aufpreis wurde aber ein spezielles Offroadpaket mit Verteilergetriebe und Sperren angeboten. Zudem gab es optional eine Luftfederung. Neu waren die vordere Doppelquerlenker-Achse und die Vierlenker-Hinterachse. Alle ML-Modelle verfügten über Allradantrieb und Siebenstufen-Automatik (Lenkrad-naher Wählhebel).

Der Fünfsitzer (max. Laderaumvolumen 2.050 L) war gegenüber seinem Vorgänger rundum größer geworden: Radstand 2.915 (statt W163 mit 2.820 mm), Außenmaße 4.780 x 1.911 x 1.815 (Vorläufer: 4.587 x 2.190 x 1.776 mm). Der ADAC urteilte: »Gegenüber dem Vorgänger konnte die Qualität weit gesteigert werden, womit der SUV nun fast auf Augenhöhe mit anderen Mercedes-Modellen liegt. Die ausgezeichnete Verarbeitung und die hochwertigen Materialien erfreuen ebenso wie die funktionelle Bedienung und die erstklassigen Komforteigenschaften.« Abstandsregelung und Xenonscheinwerfer mit dynamischen Kurvenlicht waren gegen Aufpreis zu haben.
In Deutschland war der ML mit V6- und V8-Otto- sowie mit Dieselmotoren erhältlich. Zum Debüt stand der ML500 mit V8 (306 PS, ab 2007 mit 388 PS) bereit, dem folgte der ML350 mit V6 272 PS). Dazu kamen ML280 CDI (190 PS) und 320 CDI (224 PS), beide mit 3,0-L-Diesel. Spitzenmodell bei den Selbstzündern war der ML420 CDI mit 306-PS-V8-Biturbo-Diesel, der 235 km/h ermöglichte. In der Höchstleistung lag der 510 PS starke ML63 AMG (mit diversen Exterieuränderungen) zwar darüber, aber in der Zugkraft (700 Nm über einen großen Drehzahlbereich) war der große Diesel nicht zu schlagen. In den USA wurde neben dem ML350, ML550, ML63 AMG und dem ML350 BlueTec ein ML450 Hybrid angeboten (Kombination des ML350-Benziners mit zwei E-Motoren).

Eine der wichtigsten Innovationen war das Unfall-vorbeugende PreSafe-System, das zunächst optional, ab dem Facelift Mitte 2008 serienmäßig eingebaut wurde. Bereits zuvor, im November 2007, war in Tuscaloosa der insgesamt einmillionste dort produzierte Wagen des Trios ML-R-GL gefeiert worden – ein M-Klasse-Fahrzeug. Im Juli 2011 wurde die Produktion des W164 eingestellt. Zusammen mit der Vorgänger-Baureihe wurden zwischen 1997 und 2011 insgesamt 1.170.000 M-Klasse-Exemplare ausgeliefert, darunter mehr als 520.000 W164. Mit der Einführung der zweiten Generation konnten die Neuzulassungen 2006 auf den höchsten Wert seit 2002 gesteigert werden. Ferner war es das zweitbeste Jahr auf dem deutschen Markt überhaupt.

Mercedes-Benz ML320 BlueTec (2007), anders als die Vorgänger-Reihe mit selbsttragender Karosserie

Mercedes-Benz ML350 (2004)

Mercedes-Benz ML63 AMG (2006), mit 510 PS starkem V8

Mercedes-Benz ML500 4matic (2008)

Mercedes-Benz ML420 (Facelift), 2008

Mercedes-Benz ML250 BlueTec (2014)!

Mercedes-Benz GLE als Papamobil mit Papst Benedikt der XVI. und Daimler-Chef Dieter Zetsche (2012)

Mercedes-Benz GLE Steilheck und Coupé (2015)

Mercedes-Benz GLE500 e (2015)

Mercedes-Benz GLE450 4matic Coupé und Mercedes-AMG GLE63 4matic Steilheck (vorn), nach 2015

SUV
TYP ML350/GLE320 BIS ML63 AMG/AMG GLE63 (W166) 2011-2018 UND TYP GLE400 BIS AMG GLE63S COUPÉ (C292) 2015-2019

Die europaweite Einführung der dritten ML-Generation, des W166 war im November 2011, gebaut wieder im US-Werk Tuscaloosa. Gegenüber dem Vorgänger geringfügig größer (Radstand wie bisher 2.915 mm, Außenabmessungen 4.804 x 1.926 x 1.760 mm). Einstiegspreis 54.978 Euro für den ML250 BlueTec 4matic.
Designmerkmale wie die Grundform und die Position der C-Säule blieben erhalten. Die weit herumreichenden Scheinwerfer und der Kühlergrill wurden überarbeitet, während die LED-Tagfahrlichtbänder in den vergrößerten seitlichen Einlässen saßen. Auffällig kurze Überhänge, markanter Unterschutz und minimal ausgestellte Radhäuser. Weiterhin Spoiler am Heck, neuer Stoßfänger mit integriertem Ladekantenschutz in Chromoptik.
Stärker überarbeiteter Innenraum. Das Zentral-Display mit 14,7 cm Diagonale, das von den Lüftungsdüsen umgeben war, wurde in das Schalttafel-Oberteil integriert, ebenfalls geändertes Vierspeichen-Lenkrad. Das Kombi-Instrument behielt zwei klar gezeichnete Rundinstrumente. Bedienung von Radio und Navigationssystem über einen zentralen Dreh- und Drückknopf.

Die dritte M-Klasse hatte serienmäßig permanentem Allradantrieb, Antriebsschlupfregelung, Antiblockiersystem, Bremsassistent, Fahrdynamikregelung, Siebenstufen-Automatik mit Startstopp, 4ETS (elektronisches Traktionssystem), crashaktiven Kopfstützen und Knie-Airbag. Alle Modelle mit Stahlfederung, Parameterlenkung, Tempomat, Offroad-Fahrprogramm sowie Bergabfahrhilfe (DSR). Der ML250 BlueTec 4matic war zudem tiefergelegt. M-Klasse-Siebensitzer gab es in dieser Baureihe noch nicht.
Drei Motoren zum Marktstart. 306 PS starker 3,5-L-V6-Benziner-Direkteinspritzer (M276) im ML350 4matic BlueEfficiency, dazu zwei Diesel – erstmals ein Vierzylinder (2,1-L-Reihenvierzylinder-mit Biturbo-Aufladung (OM 651) im ML250 BlueTec 4motion mit 204 PS) sowie ein aufgeladener 3,0-L-Diesel-V6 (OM 642 LS) mit 258 PS im ML350 BE 4matic. Auch der 4,7-L-V8-Biturbo-Direkteinspritzer (408 PS) war ab Oktober 2012 m Einsatz – im ML500 4matic BE. Dazu kamen weitere Benziner und Diesel bis zum ML63 AMG (525 PS) bzw. AMG GLE63S (557 PS).

Im Sommer 2015 erfuhr die ML-Klasse ein Facelift und wurde in GLE-Klasse umbenannt. Die Motorisierung änderte sich marginal, vor allem aber gab es erstmals ein Modell mit Heckantrieb (GLE250d).
Als Reaktion auf den BMW X6 brachten die Stuttgarter ab Juli 2015 eine Coupé-Version (C292) des MLE (mit gleichem Radstand) – das Showcar war bereits im April 2014 gezeigt worden. Einstiegspreis für den Fünfsitzer (Ladevolumen 1.650 L) zur Markteinführung 66.699,50 Euro für das GLE 350d 4matic Coupé. Das Fahrzeug nutzte die Technik der Steilheck-Variante. Angeboten wurden ausschließlich V6- und V8-Benziner in GLE400, 43 und 63 mit 3,0 über 4,7 bis 5,5 Liter Hubraum, dazu eine 3,0-L-Diesel-Version im GLE350d. Insgesamt 1,0 Mio W166 und C292 wurden bis zur Ablösung ausgeliefert.

DAIMLER-CHRYSLER/DAIMLER 2000 – 2022

SUV
TYP GLE450 BIS AMG GLE63S (V167) AB 2018
UND AMG GLE 53 BIS GLE63S COUPÉ (C167) AB 2019

Der neue GLE (Baureihe V167) wurde im Oktober 2018 vorgestellt, Verkaufsstart war 2019. Produktion wiederum in Tuscaloosa. Der SUV hatte in seinen Dimensionen etwas zugelegt: Radstand 2.995 mm, außen 4.924 x 1.947 x 1.772 mm, aber cW-Wert nur noch 0,29, 470 bis 1.865 L Kofferraum. Erstmals optional auch als Siebensitzer, elektrisch verstellbare Fondsitze.

Benziner-Palette: Reihenvierer und -sechser (letztere mit zusätzlichem E-Motor), dazu V8-Triebwerke im GLE580 und im Topmodell GLE63 ebenfalls mit E-Motor. Die Modelle GL300d, 350d und 400d liefen mit Reihenvierer und -sechser-Dieseln. Im März 2019 war mit dem GLE53 eine erste Variante von Mercedes-AMG vorgestellt worden. Günstigstes Modell war der GLE300d 4matic für ca. 65.800 Euro. GLE63 und GLE63 S von Mercedes-AMG wurden im November 2019 gezeigt.

Drei verschiedene Fahrwerke stehen zur Wahl. Basis ist die Stahlfederung, optional gibt's die Luftfederung Airmatic. Dritte und sinnvollste Version ist ein aktives, elektronisch geregeltes E-ABC-System (Kombination aus Luftfederung, Hydropneumatic und 48-Volt-Technik, die je nach Kamera-sensiertem Fahrbahnzustand Feder- und Dämpfungsbedarf jedes Einzelrads regelt – und so Wank-, Nick- und Hubbewegungen ausgleicht. Eine Geländeuntersetzung war auf Wunsch lieferbar.

Im Mai 2019 hatte Mercedes mit dem ESF 2019 ein Konzeptfahrzeug auf Basis des GLE gezeigt, das einen Ausblick auf Sicherheitssysteme zukünftiger Modelle aufzeigt. Die von einem Plugin-Hybrid angetriebene Variante kann auf Wunsch autonom fahren und ist mit vielen Ansätzen der aktiven und passiven Sicherheit ausgestattet.

Zur IAA 2019 kündigten sich noch sparsamere Triebwerke an. Im folgenden Jahr gab es zwei Plugin-Hybride (GLE350e und GLE350de – ausgestattet mit Benzin- oder Diesel-Reihenvierzylindern plus E-Motoren). Als Unterstützt wurden sie vom integrierten Starter-Generator (ISG), dessen Absicherung das neue 48-V-Bordnetz übernahm. Die elektrische Reichweite des 350de soll bei 106 km liegen.

Zudem war auf der 2019er-IAA das zweite GLE Coupé (C167) vorgestellt worden, das gleichfalls in Tuscaloosa entstand. Markteinführung Mai 2020. Wie beim unmittelbaren Vorgänger differenziert es sich deutlich von der Steilheck-Variante – durch eine flachere Frontscheibe, niedrigeren Aufbau, abfallende Hecklinie sowie die Front mit dem Diamantgrill. Der Radstand reduzierte sich gegenüber der SUV-Version um 6 cm auf 2.935 mm, die Länge wuchs auf 4.939 mm und die Höhe minimierte man auf 1.730 mm. Als Topmodelle fungierten der AMG GLE63 593 PS Systemleistung) und der AMG GLE63 S (634 PS Systemleistung), deren 4,0-Liter-V8-Biturbos von elektrischen Zusatzverdichtern unterstützt wurden. Weiterhin gab es einen 3,0-L-Reihensechser mit E-Motor, R4- und R6-Diesel sowie ebenfalls die beiden Plugin-Hybride 350e und 350de. Die Coupés kosteten etwa 4.000 Euro mehr als die entsprechenden Steilheck-Varianten.

Mercedes-Benz GLE350de 4matic (2019)

Mercedes-Benz GLE350de 4matic (2019) Plugin-Hybrid

Mercedes-Benz GLE Coupé (2019)

Mercedes-Benz GLE63 AMG 4matk Steilheck, Edition 55 (2019), zu haben als GLE53 4matic+, GLE63 4matic+, GLE63 S 4matic+. und als gleichmotorisierte Coupé-Version (2022)

Mercedes-AMG GLE53 4matic+ Coupé (2019)

Der GL (hier von 2006) glänzt mit einer Wattiefe von 600 mm

Mercedes-Benz GL320 BlueTec mit Dieselmotor (2006)

Mercedes-Benz GL Grand Edition (2011), Sondermodell zum Modellreihen-Auslauf mit traktionsförderndem Untersetzungsgetriebe

Mercedes-Benz GL320CDI (2007)

Mercedes-Benz GL450 (2006), mit stolzen 3,5 Tonnen Zuglast und riesigem Innenraum

SUV

TYP GL320 CDI BIS GL500 (X164) 2006-2012

Drittes Modell neben der M-Klasse im Werk Tuscaloosa und der R-Klasse war ab 2006 der große Fullsize-SUV namens GL (X164). Ursprünglich war sogar daran gedacht worden, mit diesem Fahrzeug die G-Klasse abzulösen... Marktstart bei uns: 10/2006. Abmessungen: cW 0,37, Radstand 3.075 mm, 5.088 x 1.920 x 1,840 mm, optional mit sieben »vollwertigen« Sitzen, als Fünfsitzer mit 1.240 L Gepäckraum (max. 2.300 L). Das Fahrzeug teilte sich große Teile der Technik mit der M-Klasse (W164), auch beim Design lassen sich Gemeinsamkeiten feststellen. Der GL verfügte grundsätzlich über Allradantrieb und Luftfederung. Die Anhängelast des fast 2,5 Tonnen schweren Fahrzeugs lag bei 3.500 kg (Dachlast 90 kg).

Vier Motoren wurden zunächst angeboten: die beiden Diesel GL320 CDI (224 PS) und GL420 CDI (306 PS), dazu die Benziner GL450 (340 PS) und GL500 (388 PS). Abgelöst wurde letztgenannter V8 vom neuen 5,5-Liter aus der S-Klasse (W221). Die Antriebsaggregate des X164 waren ausschließlich Sechs- und Achtzylinder, serienmäßig mit der Siebenstufen-Automatik gekoppelt.

2009 erhielt die GL-Klasse ein Facelift (Vertrieb ab Mitte des Jahres). Dabei wurde der 320 CDI zum BlueEfficiency-Modell und wurde, wie alle anderen 320er auch, als 350er umbenannt. Der 420CDI wurde zum 450CDI. Außerdem kam seit dem Facelift auch in Deutschland der GL350 BlueTec zum Einsatz. Zudem konnte der GL nun mit Assistenzsystemen aus der S- und E-Klasse (z.B. Intelligent Light System und aktiven Kopfstützen) ausgestattet werden.

Das Exterieur wurde mittels neuem Stoßfänger, neu gestaltetem Chrom-Unterschutz im Front- und Heckbereich, neuem Kühlergrill, anders sortierten Nebel- und Tagfahrleuchten, neuen Heckleuchten sowie neuen Auspuffrohren aufgefrischt. Die bedarfsweise ausklappbare Anhängerkupplung wurde mit dem Facelift unsichtbar hinter der Heckschürze platziert. Innen hat Mercedes das Kombiinstrument verändert, zur Serienausstattung gehört ein Multifunktionslenkrad. Darüber hinaus sind alle GL-Modell seitdem serienmäßig mit hochwertigeren Ledersitzen ausgestattet. Das Topmodell GL500 hatte Nappaleder-Sitzbezüge.

Weltweit wurden von 2006 bis April 2011 von der GL-Klasse 160.000 Fahrzeuge verkauft. Ab Sommer 2011 bot Mercedes-Benz zum Produktionsauslauf des X164 das Sondermodell Grand Edition an. Erkennbar war es an der Front durch abgedunkelte Scheinwerfer, durch einen geänderten Stoßfänger mit einem durchgängigen Lufteinlass, LED-Tagfahrlicht sowie durch einen vergrößerten Kühlergrill, wie beim GL550, mit drei schwarz lackierten Lamellen und einem vergrößerten Mercedes-Benz-Logo. Seitlich gab es Aluminium-Trittbretter. Die Grand Edition hatte serienmäßig ein Untersetzungsgetriebe und eine höhenverstellbare Luftfederung. Anschließend endete die Fertigung, und im November 2012 erschien die zweite GL-Generation.

SUV
TYP GL400 BIS AMG GLS63 (X166) 2012-2019 UND TYP GLS450 BIS AMG GLS63 (X167) SEIT 2019

Mercedes-Benz GLS500 4matic (2015), Baureihe X166

Vorgestellt wurde der große, wieder in Tuscaloosa gebaute SUV X166 im April 2012, kam dann im Juni zuerst in den USA, bevor er im November 2012 auf dem deutschen Markt erschien. Der Radstand von 3.075 mm entsprach dem des Vorgängers, die Außenmaße (5.120 x 1.934 x 1,850 mm) hatten etwas zugelegt.

Das Motorenprogramm blieb übersichtlich, wurden doch ausschließlich leistungsstarke V6- und V8-Benziner sowie der 3,0-L-V6-Diesel angeboten. Zum Marktstart in Deutschland kamen 4,7-L-V8-Biturbo-Benziner (435 PS) im GL500 BlueEfficiency und ein turboaufgeladener 3,0-Liter-V6-Dieselmotor (258 PS) im GL350 BlueTec. Im November 2012 rollte das Topmodells GL63 AMG an den Start. Alle Modelle mit Siebenstufen-Automatik mit Startstopp. Optional gab's Luftfederung und Wankstabilisierung (Active Curve System).

Im Zuge der Modellpflege im November 2015 wurde der GL in GLS umbenannt. Einige Motoren wurden leistungsgesteigert. Außer der AMG-Version bekamen nun alle Fahrzeuge die Neunstufen-Automatik. Außerdem hielten neue Assistenzsysteme und die neuste Telematik-Generation Einzug in den nunmehrigen GLS.

Im April 2019 wurde auf der New York International Auto Show die Nachfolgegeneration X167 vorgestellt, die Fertigung des X166 hatte nach ca. 360.000 Einheiten im April 2019 geendet.

Der X167 (dritte Generation der Fullsize-SUVs aus Tuscaloosa) rollte im November 2019 auf den deutschen Markt. Seine Technik war eng mit der des GLE (V167) verwandt. Der Radstand von 3.135 mm lag um 6 cm über dem des Vorgängers (Außenmaße 5.205 x 1.956 x 1,823 mm). Ladevolumen der Fünf- bis Siebensitzer zwischen 355 und 2.400 Liter. Zwei Otto- und Dieselmotoren angeboten. Der Mitte 2020 eingeführte GLS450 nutzt den aus den 3,0-L-R6-Ottomotor mit integriertem Startergenerator (M 256 aus S- und CLS-Klasse.). Erstmals mit dem GLS580 ein V8-Ottomotor als Mild-Hybrid im Programm. Der R6-Dieselmotor wird in den vom GLE (V167) bekannten zwei Leistungsstufen als GLS350d (plus 14 PS) bzw. GLS400d angeboten.
Auf der LA Auto Show im November 2019 zeigte Mercedes-AMG den GLS63 mit 4,0-L-V8 und Elektromotor (633 PS Systemleistung), parallel wurde auf der Guangzhou Auto Show in China mit dem GLS600 mit 4,0-L-V8 und E-Unterstützung (insgesamt 579 PS) eine Variante von Mercedes-Maybach vorgestellt.

Die neue Mercedes-Benz-Baureihe X167 (2019) nochmals rundum optimiert

Mercedes-Benz GLS350d 4matic (2015)

GLS350d 4matic und GLS63 4matic vorn (2015), beide aus der zweiten GL-Baureihe X166

Mercedes-Maybach GLS600 mit 4,0-L-V8 mit E-Unterstützung (Baureihe X167), Autoshow Guangzhou 2019

MERCEDES-EQ
AB 2016

Nach verschiedenartigen Konzepten vom Vollhybriden bis zum Brennstoffzellenfahrzeug setzt Mercedes seit den 2010er-Jahren neben den Plugin-Hybriden zunehmend auf vollelektrisch angetriebene Serien-Automobile. Bislang umfasst das Portfolio von Mercedes-EQ die A-, B-, C-, E- und S-Reihe, teilweise als Limousine und SUV. Im Fokus stehen neben vernünftigen Reichweiten die Themen Leistung und die Eignung fürs automatische Fahren.

Mercedes-Benz SLS AMG Electric Drive (Kleinserie ab 2013), vier Smart-E-Motoren mit zusammen 552 kW (751 PS)

Mercedes EQB350 4matic, seit 2021 auf dem deutschen Markt. Inzwischen in vier Versionen angeboten

ELEKTRO-SERIENAUTOMOBILE

Die 2016 gegründete Submarke Mercedes-EQ nutzt eigenständigen Typenbezeichnungen, die den Reihennamen »Electric Drive« (ED) abgelöst haben. Die Hybridmodelle bleiben weiterhin den Verbrenner-Baureihen zugeordnet. Spektakulärer Vorreiter der E-Traktion war der Mercedes-Benz SLS AMG Electric Drive. Die schweren Akkupakete für die aktuellen EQ-Autos stammen von der Mercedes-Tochter Deutsche Accumotive im sächsischen Kamenz. Die Lithium-Ionen-Akkumulatorzellen werden meist von koreanischen Produzenten zugekauft. Andere Technologien, beispielsweise aus der Kooperation mit Tesla, liefen mittlerweile aus. Bis 2030 soll ein weltweit eigenes Netz mit 10.00 neuen Schnellladesäulen (davon 2.500 in Nordamerika) entstehen.

EQA (H243)

Vorgestellt im Januar 2021 als kleinstes E-Modell von Mercedes (Konzeptfahrzeug September 2017), basiert der EQA auf dem äußerlich fast unveränderten GLA (H247). Produktionsstart im Dezember 2020 in Rastatt. Auslieferung des Fünfsitzers ab Frühjahr 2021. Keine eigene Elektronikplattform (wie bei E-Fahrzeugen der großen Baureihen), sondern Elektrifizierung eines bestehenden Verbrennerfahrzeugs. Abmessungen: Radstand 2.729 mm, außen 4.463 x 1.834 x 1.620 mm, 2.040 bis 2.105 kg.

Leistungselektronik im Kardantunnel. Ausgestattet mit dem 66,5 kWh-Lilonen-Akku sollte der EQA250 (190 PS, noch mit Asynchronmotor) bis 400 km Reichweite (WLTP) erreichen. Mit dem 2022 eingeführten EQA250+ mit Synchronmaschine (weiterhin 190 PS) kam ein größerer 70,5-kWh-Akku für mehr Reichweite (ca. 500 km). Neben den frontgetriebenen 250er-Modellen seit Mitte 2021 auch Allrad-Modelle EQA300 4matic (Systemleistung 228 PS) und EQA350 4matic (292 PS), beide mit je einem Synchronmotor vorn/hinten und 66,5 kWh-Akkukapazität. Stromverbrauch für den EQA 250+ von 16,8 bis 15,3 kWh/100 km (kombiniert). Versprochene Ladezeit: 32 Minuten. Höchstgeschwindigkeit auf 160 km/h limitiert. Preise: EQA250 ab 50.777 Euro, 250+ ab 52.250 Euro, EQ300 ab 53.746 Euro und EQ350 4matic ab 56.424 Euro.

Mercedes EQA250 Edition 1 (2020)

EQB (X243)

Der City-SUV EQB nutzt die Technik des EQA bzw. des GLB (X247). Vorstellung im April 2021 in Shanghai, Markteinführung Europa Ende 2021. GLB-Abmessungen nahezu beibehalten (Radstand 2.829 mm, außen: 4.684 x 1.834 x 1.667 mm), ab 2.110 kg, maximal sieben Sitze. Produktion in Ungarn.

Versionen: EQB250 und EQB250+ (beide 190 PS), mit Synchronmotor an der Vorderachse, EQB300 4matic (Systemleistung 228 PS) und EQB350 4matic (292 PS), mit Asynchronmotor vorn und Synchronmotor hinten. Nutzbare Akkukapazität 66,5 kWh (EQB mit 70,5 kWh). Maximale Ladeleistung wie beim EQA bei 100 kW. Über Wechselstrom kann mit 11 kW geladen werden. 474 km (WLTP) maximale Reichweite. Stromverbrauch für den EQB250 17,8-16,3 kWh/100 km (kombiniert). Höchstgeschwindigkeit 160 km/h. In der »alten« B-Klasse bereits von 2014 bis 2017 vollelektrischer Mercedes-Benz B250e Electric Drive mit abgespeckter Technik vom Tesla Model S.

EQA250 Edition 1, das derzeit kleinste E-Modell von Mercedes

EQC SUV (N293)

2019 kam als allererstes Elektro-Serienmodell von Mercedes-Benz der EQC SUV heraus. Es basierte auf dem bereits 2016 gezeigten SUV-Concept EQ (Vorstellung Serienfahrzeug im September 2018 in Stockholm, Auslieferung ab Mitte 2019). Der EQC nutzte noch auf der »alten« EVA-1-Plattform. Produziert wurde er im Werk Bremen und bei Beijing Benz Automotive in Peking auf der Basis des unangefochtenen Bestsellers Mercedes-Benz GLC (X253). Der Grundpreis lag ursprünglich bei 71.281 Euro (2021 Preissenkung, aktuell 66.069 Euro).

Das SUV unterscheidet sich marginal vom etwas kürzeren Aufbau des GLC. Die Abmessungen: Radstand 2.873 mm, Außenmaße 4.762 x 1.884 x 1.624 mm, cW-Wert 0,27. Den Antrieb des grundsätzlich allradgetriebenen fünfsitzigen Viertürers (2.495 kg leer) erfolgt über je eine Asynchronmaschine vorn und hinten. Die Antriebseinheiten, bestehend aus E-Maschine, Leistungselektronik und Eingangsgetriebe mit Differenzial, stammen von ZF Friedrichshafen. Nur für Asien angeboten wurde der EQC350 4matic mit 286 PS, während ansonsten der EQC400 4matic mit 300 kW / 408 PS im Programm ist. Die Höchstgeschwindigkeit des 2.495 kg schweren Autos ist elektronisch auf 180 km/h begrenzt, Die Reichweite des mit Lithium-Ionen-Akkus (Kapazität 80 kWh) von Daimler-Tochterfirma Deutsche Accumotive in Kamenz ausgestatteten Autos beträgt ca. 450 km (NEFZ-Zyklus.).

Bislang nur als Showcar existiert das Unikat EQC² auf Basis des EQC400 4matic von 2020, mit dem Mercedes prüft, auch offroad zu gehen. Serienchancen höchst ungewiss.

In den Startlöchern scharrt indes die ca. 4,70 m lange EQC Limousine, die 2024 auf den Markt kommen soll – und stilistisch auf dem Conceptcar EQXX von 2022 basiert. Es zeigt künftige Zielvorgaben in puncto Effizienz und elektrischer Reichweite: Das vollelektrisch getriebene Unikat kommt mit einer Batterieladung mehr als 1.000 km weit und verbraucht damit weniger als 10 kWh/100 km. Dabei helfen Leichtbau, Design und Aerodynamik (cW = 0,17). Die Stirnfläche ist kleiner als die eines kompakten CLA und bietet entsprechend wenig Widerstandsfläche. Eine schmalere Spur hinten lässt die Luft effektiver strömen, transparente Abdeckungen außen an den roségoldenen Magnesiumfelgen lassen kaum noch Luftverwirbelungen zu.

Der 1.750 kg schwere EQXX-Unikat weist einen imposanten Energieeffizienzwert auf: 95 % der in der Batterie gespeicherten Energie kommt bei den Rädern an. Dabei wurde die Energiedichte der Akkus auf 200 Wh/kg gesteigert. Damit kann die Batterie 100 kWh speichern. Mit 50 % weniger Größe und 30 % weniger Gewicht erreichen die Energiespeicher Rekordwerte – dank moderner Silizium-Anoden in Verbindung mit Ultra-Leichtbau-Materialien aus der Formel 1. Das elektrische System, das die Nebenaggregate mit Strom versorgt, bezieht zusätzliche Energie aus Solarzellen auf dem Dach. Der somit reduzierte Energiebedarf des Hochvoltsystems führt zu einem Reichweiten-Plus von bis zu 25 km Extrareichweite.

EQC400 4matic (2020)

EQC400 4matic (2020), bei 180 km/h abgeregelt

Vision EQXX von 2022, vermutlich Vorlage für EQC Limousine

Offroad-Studie EQC² (2020) auf Basis des EQC400 4matic, Serienchancen ungewiss

Mercedes-AMG EQE53 (2022)

Mercedes-AMG EQE53 Limousine (2022)

AMG EQE53 SUV (2022)

Mercedes-AMG EQE53 und rechts EQE350 (2021)

Mercedes-AMG EQE53 SUV (2022)

EQE 300 BIS AMG EQE 53 LIMOUSINE (V295)

Das batterieelektrisch angetriebene, viertürige Limousinen-Coupé wurde auf der IAA 2021 in München vorgestellt. Der in der Oberen Mittelklasse angesiedelte Fünfsitzer orientierte sich am CLS (C257). Produziert wird er seit 2022 in Bremen und Peking. Der EQE als Limousine ist quasi das elektrische Pendant zur Mercedes-Benz E-Klasse (W213), verfügt aber über eine eigenständige Karosserie. Marktstart war Mitte 2022. Abmessungen: Radstand 3.120, Außenmaße 4.950 x 1.906 x 1.500, Leergewicht 2.355 bis 2.525 kg

Für die insgesamt acht EQE-Modelle eingesetzt werden je zwei E-Motoren vorn/hinten mit 215 bis 505 kW (245 bis 687 PS). Lediglich der EQE300 und der EQE350 (beide 245 PS) und der EQE350+ (292 PS) verfügen nur über je einen Motor im Heck. Den Modellen mit geringerer Leistung (EQE350 4matic/292 PS und EQE500 4matic/408 PS) waren ab Anfang 2022 die stärkeren Mercedes-AMG-Versionen EQE43 4matic (476 PS), EQE43 4matic+ (626 PS) sowie EQE53 4matic+Dynamic Plus (687 PS) gefolgt. Die Akkukapa lag bei 90,56 kWh, die maximalen Reichweiten betrugen 500 bis 600 km. Stromverbrauch für den EQC400 4matic: 21,9-19,4 kWh/100 km (kombiniert). Die Höchstgeschwindigkeit liegt bei 210 bis 240 km/h.

Die Innenausstattung geriet hochwertig und zukunftsorientiert – mit einem optionalen MBUX Hyperscreen, der sich über die ganze Breite spannt und mit Gestensteuerung. Das Fahrzeug teilt sich die technische Plattform mit dem großen EQS und dessen teilweise optionalen Features bis zur Luftfederung. Gepäckraumvolumen: 500 bis 1.460 L. Der Einstiegspreis von 66.402 Euro galt für den EQE300, während der AMG EQE53 4matic üppige 109.920 Euro kostete.

EQE SUV (N293)

Der im Oktober 2022 vorgestellte EQE SUV nutzt die technische Basis der EQE Limousine. Wie der größere EQS wird der EQE SUV im US-amerikanischen Mercedes-Benz-Werk Tuscaloosa hergestellt, Auslieferung ab 2023. Der neue EQE SUV ist ein Fünfsitzer (Radstand 3.030 mm, Außenmaße 4.860 x 1.940 x 1.680 mm mit viel Laderaum. Das Leergewicht des EQE350+ misst 2.355 kg. Die elektrische Reichweite soll bis 590 km (WLTP) betragen

Basisversion ist der EQE350+ mit nur einem E-Motor hinten (386 PS) für 86.810 Euro, darüber positioniert sind der 350 4matic (469 PS) für 89.547 Euro, der 500 4matic (516 PS) für 99.841 Euro, AMG43 4matic (469 PS) für 124.920 Euro sowie der AMG53 4matic+ (ab 617 PS). Die Spitzengeschwindigkeit wird je nach Ausführung auf 210 bis 240 km/h abgeregelt.
Mehrere Varianten der Energierückgewinnung mittels Rekuperation unterstützen Leistungskonstanz und Energiemanagement: Der ECO Assistent ermittelt die effizienteste Fahrweise und unterstützt durch ein ausgeklügeltes Thermokonzept. So nutzt die serienmäßige Wärmepumpe die Abwärme des elektrischen Antriebs und der Hochvolt-Batterie für die Heizung des Innenraums. Auch bei diesem SUV dominierte das digitale Cockpit mit dem optional lieferbaren MBUX Hyperscreen mit Gestensteuerung den Innenraum.

EQS LIMOUSINE (V297)

Vorstellung des eigenständig geformten EQS im April. AMG-Version mit speziellem Grill ab September 2021. Produktion zusammen mit der S-Klasse (W223) in Sindelfingen. 97.806 Euro Einstiegspreis EQS350, stärkste Mercedes-AMG-Version 152.546 Euro.

Heckkklappe bis zum Dach (Laderaum 610-1.770 L). »EQ-Black-Panel-Grill« mit integrierten Scheinwerfern für V297 und SUV X296, cW-Wert Limousine 0,20. Radstand 3.210 mm (wie lange S-Klasse), außen 5.216 x 1.926 x 1.512 mm, 2.390 kg. Modulare Elektro-Architektur (MEA/intern EVA II). Instrumententräger optional mit »MBUX Hyperscreen« mit drei Displays.

EQS350 (292 PS) und EQS450 (333 PS) haben nur einen Elektromotor im Heck, während EQS450 4matic (360 PS), EQS500 4matic (449 PS), EQS580 4matic (523 PS), AMG EQS53 4matic + (658 PS) sowie AMG53 4matic + Dynamic Plus (761 PS) von je einem E-Motor vorn/hinten angetrieben werden (E-Maschinen von Valeo Siemens). Lithium-Ionen-Akkus (108,4 kWh) zwischen den Achsen sichern 529-782 km Reichweite. Stromverbrauch EQS450+ bei 19,8-15,6 kWh/100 km (kombiniert). EQS-Serienmodelle auf 210 km/h limitiert, die beiden AMG-Versionen dürfen schneller laufen. Vorn Vierlenkerachse, hinten Raumlenkerachse. Mitlenk-Möglichkeit der Hinterachse bis 4,5 Grad (unter 60 km/h gegenläufiger Einschlag der Hinterräder, damit Wendekreis 11,9 m). Als Extra vergrößerter Lenkwinkel 10 Grad (Wendekreis nur 10,9 m). Oberhalb von 60 km/h lenken Vorder- und Hinterräder in die gleiche Richtung. Dank serienmäßiger Luftfederung lässt sich die Karosserie bei hohen Geschwindigkeiten absenken. Serienmäßig bis 22 Zoll große Räder.

EQS SUV (X296)

19. April 2022 Präsentation des 2.695 kg schweren SUVs auf Basis des GLS (X167); Außenmaße X296: 5.125 x 1.959 x 1.718 mm (10 cm kürzer als GLS). Radstand 3.210 mm bei beiden EQS-Versionen identisch. Das optional siebensitzige Fahrzeug seit August 2022 in Tuscaloosa/Alabama/USA gebaut. Gepäckraumvolumen 645-2.100 L (Siebensitzer: 565-2.020 L). Schwebende Mittelkonsole und optionaler MBUX Hyperscreen (Serie bei 580er-Variante).

SUV mit gleicher technischer Basis wie Mercedes-Benz EQS (V297). Er nutzt einen (Heckantrieb) bzw. zwei Elektromotoren (Allradantrieb). Räder 20-22 Zoll. Die zunächst angebotenen EQS450+ (Heckantrieb) und EQS450 4matic (beide mit 360 PS) sowie der EQS580 4mativ (544 PS) erlaubten flotte Fahrleistungen (abgeregelt 210 km/h). Maximale Reichweite (WLTP) bei 540 km (EQS450+) bzw. 511 km (450 4motion und EQS580 4motion), wobei die Akkus 108 kWh bereitstellten. Gleiche Batterien für EQS SUV und EQS Limousine. Einstiegspreis für EQS450+ 110.658 Euro, für EQS450 4matic und EQS580 4matic sind 114.446 bzw. 135.291 fällig. Optional MBUX Hyperscreen und großes Glasschiebedach. Für die zweite Sitzreihe steht das MBUX High-End Fond-Entertainment Plus-Paket mit zwei es jeweils 11,6 Zoll großen Displays bereit. SUV serienmäßig mit LED-Scheinwerfern ausgeliefert, gegen Aufpreis »Digital Light«.

Mercedes EQS480 4matic (2021), fünf Sitzplätze

Mercedes-AMG EQS SUV AMG-Line (2022)

Mercedes-AMG EQS53+ (2021), viel Platz im Innern dank großem Radstand und kurzer Überhänge

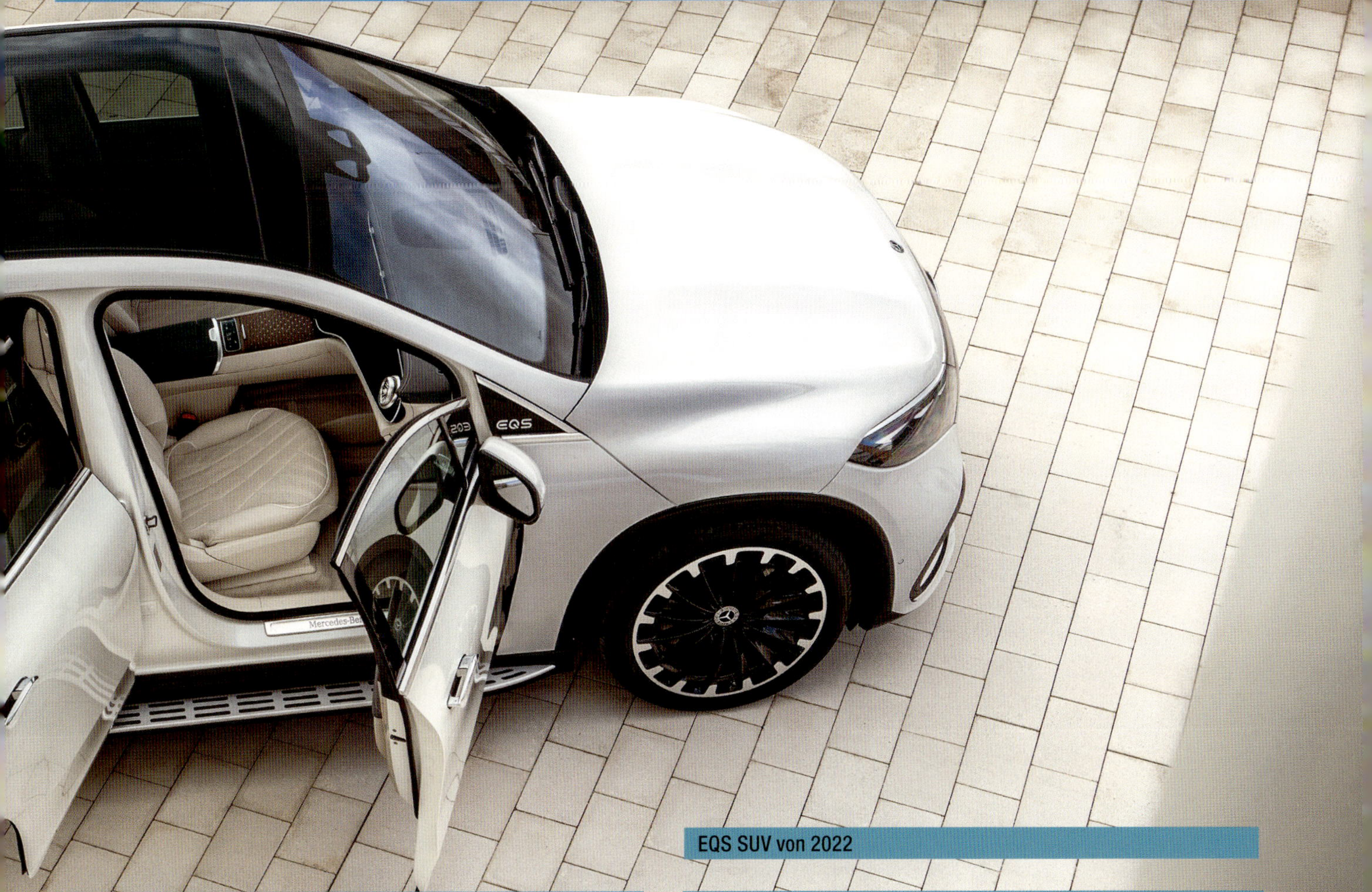

EQS SUV von 2022

Mercedes EQS SUV AMG-Line (2022)

Concept Mercedes-Maybach (2021), die Serienversion kam 2023.

Die Front ist geprägt vom glattflächig geschlossenen Black Panel mit vertikalen, verchromten Zierstäben.

Charakteristisch für die Heckpartie ist das durchgängige Leuchtenband über die gesamte Breite. Chromzierelemente auf der Klappe, an der Schürze und der Abrisskante sowie der Maybach Schriftzug setzen Akzente.

Wie der Mercedes EQS (und der eng verwandte Mercedes EQE) entsteht auch der Maybach SUV auf der für Elektrofahrzeuge entwickelten EVA-Plattform des Konzerns.

Der Mercedes-Maybach EQS SUV als erstes vollelektrisches Modell der traditionsreichen Marke ging 2023 in Serie. Natürlich verfügt er über 4matic-Allradantrieb.

Serienmäßig ist der Mercedes-Maybach EQS SUV mit Leder in Espressobraun/Balaobraun pearl ausgestattet, auch ein Macchiatobeige/Bronzebraun pearl ist möglich. Besonders exklusiv ist aber das Interieur in Kristallweiß/Silbergrau pearl.

Optional ist das Mercedes-Maybach EQS 680 SUV in Zweifarbenlackierung mit filigraner Linierung erhältlich. Es gibt fünf mögliche Farbkombinationen, hier zu sehen ist die Variante in Samtbraun/Onyxschwarz.